系统工程思想史

◎ 薛惠锋 著

科学出版社

北京

内 容 简 介

探索系统工程灵魂，抓住系统工程本质。本书从系统工程思想产生的学科背景、社会经济背景、哲学和科学基础进行分析，以人类文明发展的各个历史阶段为纵轴，以各个历史阶段系统工程思想的发展横向铺展，辅以大量包涵系统思想的著作及工程实例，以点带面，以史带理，掌握其发展脉络，了解其发展历程，运用其发展规律，对人类文明的发展历程与系统工程思想发展的同步性进行深刻的剖析，进而更深刻地理解系统工程，并以此来指导社会和工程实践。本书是对系统工程学说思想发展史的一次深刻剖析，更是人类对系统认识历史的一次梳理。

本书可供系统工程研究人员，相关科研院所工作人员、系统工程及相关专业的师生，以及政府和企业管理人员使用。

图书在版编目(CIP)数据

系统工程思想史 / 薛惠锋著 . —北京：科学出版社，2014.5

ISBN 978-7-03-040526-5

Ⅰ. 系⋯　Ⅱ. 薛⋯　Ⅲ. 系统工程学－思想史　Ⅳ. N945

中国版本图书馆 CIP 数据核字（2014）第 088791 号

责任编辑：李　敏　王　倩 / 责任校对：刘小梅
责任印制：徐晓晨 / 封面设计：王　浩

科 学 出 版 社 出版
北京东黄城根北街 16 号
邮政编码：100717
http://www.sciencep.com

北京虎彩文化传播有限公司 印刷
科学出版社发行　各地新华书店经销

*

2014 年 5 月第　一　版　　开本：787×1092　1/16
2020 年 6 月第四次印刷　　印张：15 1/4　插页：2
字数：300 000

定价：99.00 元
（如有印装质量问题，我社负责调换）

《系统工程思想史》简评

　　薛惠锋教授所著的《系统工程思想史》是一部介绍系统工程学说发展史和人类对系统工程认识史的著作。薛惠锋教授是在党委、政府、人大、科研院所历经近30年的系统工程研究者和实现者，始终坚持用系统思维，进行跨学科、跨领域综合集成的理论研究与实践应用。在资源系统工程、信息安全系统工程、环境系统工程、管理系统工程、城市系统工程、人生科学发展系统工程、水资源与水环境系统工程等领域有较深入的研究和贡献，先后撰写了《现代系统工程导论》、《环境系统工程》、《资源系统工程》、《人生·社会——修身治国之系统思维》等多部系统工程领域的学术著作，获得社会的广泛好评，并在对复杂社会系统的演化规律和卓越治理模式不断探索总结的基础上，提出了"提升说"等一系列具有创新意义的学术观点。

　　全书以人类历史发展为主线，通过研究中西方文明的演变历程，阐述了中西方系统工程思想的主要代表人物、著作和工程实践等，将人类文明的演变历程与系统工程思想的发展过程进行了耦合性分析，把系统工程思想的发展大致分为古代、近代和现代三个阶段，内容安排重点突出，详略得当。

　　全书共分5章。第1章在阐述系统工程研究的历史与演进时，作者以人类对系统工程思想的客观需求为切入点，从系统、系统工程概念及其思想的历史演进谈起，讲到系统工程的发展脉络与研究学派，最后介绍了系统工程的学科体系，这一章是全书的一个概括描述。通过阅读本章，读者可以快速简要地了解系统工程相关的理论、发展、学科应用等，进一步认识系统工程思想发展在东西方不同的时代划分，更好地把握系统工程学科的构成与研究内容。

第2章古代系统工程思想从人类对系统工程思想最朴素的认识谈起，历经中世纪，一直到19世纪中叶马克思主义哲学的建立。作者通过回顾古代杰出人物的观点、著作以及典型工程实践来探索系统工程思想的发展，从而强调系统工程思想根源于社会实践，并反过来指导社会实践，与人类文明的发展同步。古代时期的系统工程思想在不同地区发展各具特色，并与当地经济、社会、文化的发展相适应。因此对于系统工程发展做出主要贡献的古代民族，如古埃及、古巴比伦、古希腊、古中国、古罗马、古伊斯兰等，书中均一一进行了分析；对体现系统工程思想的代表人物，如亚里士多德、老子、黑格尔、牛顿等，逐一进行了介绍；对蕴含系统工程思想的经典著作，如《孙子兵法》、《十二铜表法》、《医典》和《天工开物》等，也分别给予了论述。同时，书中还列举了有代表性的系统工程实践，重点介绍了金字塔、斗兽场、都江堰、蒸汽机。这些都表明，系统工程思想在人类文明的早期阶段就已应用于政治、经济、法律、医学、地理、天文、生物、物理、哲学、宗教等社会生活的诸多领域，而其中又以建筑工程最能体现系统工程的思想。

第3章阐述近代系统工程思想。随着马克思唯物辩证法的创立，系统工程的发展进入了近代时期。哲学、生态学、管理科学等领域的研究与进步极大推动了系统工程的发展，丰富了系统工程思想，提升了人们对系统工程思想的理解和认识。在这一章中，作者强调了马克思唯物辩证法在系统科学研究中的指导地位和马克思对整个人类的贡献。马克思主张用全面、联系、发展的观点看待问题，直接影响了哲学、生态学、管理科学等领域的大批科学家。他们以马克思主义唯物辩证论为指导，在各自领域进行了深入研究，推动了系统工程思想的发展，丰富了系统工程思想的宝库。法国哲学家柏格森、英国数学家怀海德、英国生态学家坦斯利、美国生态学家林德曼等，他们的研究成果开阔了人们认识客观世界的眼界，也增加了人们对系统工程思想的理解。泰罗的科学管理思想及理论更被一些学者视为系统工程的萌芽。而中国近代系统工程思想的发展却由于长期的战争局面受到很大影响，但依然在曲折中发展。鸦片战争、义和团运动、"戊戌变法"、孙中山的《建国方略》、毛泽东思想无不凝聚着系统工程的思想。孙中山在《建国方略》里，从思想层面到经济层面，再至政治层面，对中国的现代化进程进行了系统化的详细设计，体现了整体设计分步实施的系统工程思想。毛泽东创造性地将马克思辩证唯物主义思想运用到军事领域，其思想在百团大战、三大战役等著名军事战役中均有所应用，体现并推动了中国系统工程的发展，是中国近代系统工程发展史上的亮点。新中国成立后系统工程思想的发展主要体现在钱学森《工程控制论》在中国早期航天事业中的应用，运筹学在工业、农业、交通运输业等领域的广泛应用，华罗庚教授在全国推广"优选法"、"统筹法"实践活动等。钱学森、华罗庚、许国志等众多科学研究工作者对系统工程基础理论进行了探索和实践，推动了中国近代系统工程思想的进步。

第4章是现代系统工程思想，这也是本书的主体，占全书篇幅的三分之一以上，作者详细阐述了现代系统工程思想在西方和中国的发展。由于系统工程跨学科、跨领域、开放性等特点，不同技术背景、不同行业、不同领域的研究者纷纷加入到系统工程的研究队伍之中，促使了系统工程思想井喷式的发展。学科不断交叉，技术方法不断融合，人们越来越多地用系统工程思想来指导解决现实世界中的复杂问题。

在阐述西方现代系统工程思想发展时，作者以主要人物的代表著作和典型工程实践为载体，分别介绍了"老三论"、非线性科学与复杂性科学中所蕴含的系统工程思想。这个时期的系统工程思想理论和实践非常之多，并各具特色，作者分别进行了介绍。其中的理论代表有贝塔朗菲的《关于一般系统论》、普里戈金的《耗散结构论》、哈肯的《协同学》、艾根的《超循环理论》等，方法论代表有霍尔三维结构和切克兰德的"调查学习"模式等，工程实践方面又以阿波罗计划、美国航天飞机工程为代表。由此可见，西方现代系统工程的发展是立足于整体与部分、层次关系的总体协调，关注重点从线性系统到非线性系统发展至复杂性系统，运用多种学科技术，指导人类解决实践中的复杂问题。

随着 1978 年钱学森《组织管理技术——系统工程》一文的发表，中国系统工程思想的发展进入现代时期。在介绍这一时期时，作者特别强调了钱学森对中国系统工程研究与发展所做的杰出贡献。接着分别阐述现代早期和现代后期中国在系统工程方面所做的研究和取得的成果。在谈及现代早期的中国系统工程思想时，作者介绍了中国系统工程学会的成立对中国系统工程发展的影响、中国系统科学学科体系的探索过程、社会主义建设总体设计部的探索过程，以及"系统学讨论班"在系统工程发展中的作用等。列举了同期中国比较有代表性的系统工程实践，比如宋健、于景元、蒋正华等开展的"中国人口问题的定量研究"，汪应洛开展的"人才规划的系统分析"，钱振英主持的"三峡工程论证"，钱振业等开展的"中国载人航天发展战略研究"等。同时对中国现代早期系统工程的方法论也进行了介绍。20 世纪 80 年代，复杂性科学研究在世界范围内兴起，中国系统工程经过 10 余年的发展也转向了复杂巨系统研究，从而进入中国现代后期的系统工程发展期。作者经过多年来不懈地研究和探索，按照思想、理论、方法、技术、实践从高到低的脉络，创新性地搭建了系统工程学科体系，而系统工程思想则处于该学科体系的最顶层，在哲学层面上对系统工程的研究、应用和发展给以指导，体现了作者对系统工程思想的深刻理解和感悟。作者介绍了这段时期我国在复杂巨系统方法论方面取得的成果，如钱学森的"从定性到定量的综合集成方法"，顾基发的"物理–事理–人理系统方法论"，王崑声的"量度工程"等。专门列举了我国在复杂巨系统研究方面的工程实践，如于景元等开展的"综合集成的宏观经济决策支持系统"研究，郝诚之等开展的"西部地区知识密集型草产业和沙产业实践"，作者本人组织开展的"陕西省环境承载能力与环境保护战略"和与同行共同发起的"榆林市社会系统工程实践"等。此外还介绍了我国复杂巨系统的开发工具和第 68 次香山会议对中国系统工程发展的贡献。中国现代系统工程经过 30 多年的发展已形成了自己的较为鲜明的特色，系统工程的实践研究涉及我国建设事业、生产管理、商业经营、资源利用、环境保护、经济体制改革和科学研究等诸多领域，发展势头良好，应用范围广泛，取得了丰硕的研究成果。系统工程思想已被人们广泛认识和接受，越来越得到国际学术界的认可和重视。

本书最后一章介绍系统工程思想的发展趋势，是作者经过精心梳理，花费了较多心力所写的具有前瞻性的一章。作者总结了 20 世纪 70 年代以来系统工程发展中的两个明显特点：一是其应用领域更加广泛，方法更加丰富，研究分支更加细化；二是其发展并非一帆风顺，在应用中遇到了诸多难题。新学科及相关的理论与方法极大地丰富了系统科学与系统工程的研究内容，系统工程学科体系将会不断完善和更新，呈现出由点到面进而成体系的发展趋势，必将更好地指导社会实践。作者结合自己多年的工作实践，提出了系统工程的四大发展趋势：理论系统工程、系统工程软化、跨学科融合和多文明交汇，体现了作者对系统工程思想发展规律的准确把握。因此，随着世界多极化和经济全球化趋势深入发展，系统工程的应用也将更加广泛，更富成效。

总的来说，本书以各个历史时期的代表人物、主要著作和工程实践为载体，系统、详实地阐述了系统工程思想的发展过程，使读者可通过了解系统工程思想史，把握系统工程思想的发展历程和核心，进而更深刻地理解系统工程，并以此来指导读者的人生发展和从事的社会实践。该书通俗易懂，逻辑清晰，结构分明，内容丰富，案例翔实，让读者在获取知识的同时也享受着读书带来的快乐和自我素质的提升，并能自觉主动地用系统工程思想来思考身边的人、事、物。因此该书无论是对于科技人员还是普通工作者，都是一部值得一读的书。当然，书中也存在少许不足之处，如对中国封建社会后期的系统工程思想的发展描述较少等。但即便这样，本书仍然不失为一部好书，它是比较全面系统地论述系统工程思想发展过程的著作，具有较高的学术价值和参考价值。

二〇一四年一月十九日于总后勤部

前　言

通过研究思想发展的历史，才能更好地认识它的脉络，把握它的规律。从时间序列上看，系统思想是系统工程之父；从地位层次上看，系统思想是系统工程之魂。没有系统思想，就没有系统工程，即便是系统工程日渐成熟的今天，它依然不能取代系统思想的向导地位。以系统思维为根基，对客观世界和主观世界暴露出的人类不满意状态做规律性分析，综合应用多学科理论和技术处理，解决并提升到人类满意状态，就形成了丰富多彩的系统观念、理论、方法、技术和工程，又通过不断实践，不断提升，就形成了特有的综合分析解决问题的思想，这就是系统工程思想。

笔者自20世纪90年代起开始对系统工程思想史进行构思和整理，历经近20年共计四个研究整理阶段。自1993年起开展第一阶段工作，主要由笔者的博士研究生陈芳莉、邓宏、张文宇、彭文祥、陈国红等进行系统思想发展历史资料的挖掘和整理，持续了17年；后由笔者的博士研究生邵剑生等自2010年起的工作结合人类文明发展历程，整理、研究、剖析系统工程思想史内在规律进行第二阶段，形成了初步成果；第三阶段从2012年起由笔者的博士研究生李琳斐、徐源、陈鼎藩、刘志平、崔曼、张峰、卜凡彪、艾辉、董珍祥、周奕琛、周勇、苏文帅、江晗、王文盛、李翠、侯光文、霍铁桥及硕士研究生周少鹏、赵小平、宋立强、赵慧汶、李代兴、柴瑞等开始对人类文明发展史与系统工程思想发展历程同步性的深刻研究；自2013年6月起组织中国航天系统科学与工程研究院科学技术委员会办公室的刘俊、郑新华、郭旭虹、郭亚飞、王海宁和研究生管理部的段琼，博士研究生李琳斐，硕士研究生王为、鲍磊，以及博士后苗晓燕、杨景、靖德果、张南等参与的团队开展第四阶段研究工作，重点围绕系统工程的史实历程、重要思想、突出贡献、发展趋势等问题，通过座谈、走访、听取报告、查阅资料等方式，累计与航天工程专家，科研工作者、工程实践者如宋健、张文台、糜振玉、王礼恒、栾恩杰、高永中、包为民、张履谦、俞梦孙、黄锷、王众托、李佩成、钱永刚、钱学敏、魏宏森、于景元、涂元季、顾基发、郭宝柱、杨海成、汪寿阳、孟伟、许健民、王崑声、郭京朝、刘海滨、常远、洪增林、郝晓奇等数百名系统工程和有关专业的专家、学者进行了交流，整理出大量珍贵材料。后由中国航天系统科学与工程研究院的沈念同志及科学技术委员会的郭亚飞同志和笔者的博士研究生王初建参与了书稿的修改和校正。

笔者认为，系统工程思想史是人类对系统规律认识的历史，应注重如下几个方面的思考：

（1）系统工程思想产生的物质经济特点。物质资料的生产方式是社会发展的决定力量。任何学科、思想的发展必须要有经济技术作为动力，系统工程思想、技术的产生和发展也是社会生产的需要。关键在于组织、协调及各个生产工序的衔接，还在于如何使整体达到最优，也就是利用系统科学的思想，利用系统科学的方法进行研究、生产。随着生产力的不断发展，当旧的科学技术手段不能满足现实的生产需要时，各种新的思想观念也就不断诞生，从而不断丰富系统工程的思想。

（2）系统工程思想产生的哲学和科学基础。"任何一门学科，只有当它是所处时代的社会生存与发展客观需要的自然产物，同时学科内在逻辑必要的前期预备性条件又已基本就绪时，它才会应运而生"（许国志等，1990）。系统科学和系统工程思想的形成与发展同样符合这样的规律。思想来源是所有学科形成的第一前提，因此，系统工程的思想来源，即哲学思想为系统工程的形成提供了基础。系统工程是具有科学特征的理论形态，科学背景是其形成必不可少的条件。同时，哲学是一切科学的总括，它从世界观和方法论上指导系统科学和系统工程思想的发展。

（3）系统工程思想产生的学者偏好及特点。从事系统工程研究的专家学者大都来自不同的学科领域，有着自己的专业背景和研究传统。从事各类工程技术的人，从事组织管理的人，从事生命和医学研究的人等，都从不同角度认识系统与系统工程，这些认识通过总结上升为理论，就出现了不同的学说和学派。因此，研究系统工程的思想，如不考虑学说、理论和方法出现的时代、环境等方面背景，将不会得出正确、理性、科学、合理的结论。也就是说，每一种观点、理论、方法必须置于综合背景中分析、梳理，才具有代表性、全局性、时代性及科学性。

因此，探索系统工程思想，就是试图去探索系统工程的灵魂，抓住系统工程的本质。本书历经二十多年的研究和梳理，辅以大量包涵系统思想的著作及工程实例，以人类文明发展的各个历史阶段为纵轴，以各个历史阶段系统工程思想的发展为横轴，以点带面，以史带理，对人类文明的发展历程与系统工程思想发展的同步性进行深刻的剖析，帮助读者了解其深层次的规律性并加强实践应用的可操作性。

本书曾经想以集体名义，比如"薛惠锋及其研究生团队"或"中国系统科学与工程研究院科学技术委员会"等署名，但由于写作历时较长，研究团队众多，成员组成较复杂，思想观点也不断在与时俱进，甚至有时是对立的，否定前期的观点，思虑再三，不愿强加观点于人，故责名于笔者一人作为靶子，供同仁评判，以期能抛砖引玉。

目　　录

第 1 章
系统工程研究的历史演进

随着科学技术的快速发展，人类在研究自然、社会、工程、经济、国防等领域的许多问题时，仅仅依靠单一的知识储备和技术手段已经无法满足当前的需要。而系统工程的理论体系和思想方法正是解决跨学科、跨领域等大型复杂系统问题的有效手段。虽然系统工程这门学科在第二次世界大战后才逐步形成，但是系统及系统工程思想早在人类漫长的社会实践中就已逐渐产生。因此，研究系统、系统工程、系统工程思想相关概念的历史演进轨迹，认识系统工程的发展脉络、研究学派、学科体系，对于进一步提高系统工程的研究水平，丰富和完善系统科学的理论体系，进而有效地指导人类的社会实践均具有重要意义。

1.1 系统、系统工程、系统工程思想相关概念的历史演进

1.1.1 系统概念的历史演进

1. 系统概念在西方的历史演进

系统（system）一词来源于古代希腊文"systema"，原是"在一起"

和"放置"两个词的组合（钱学森，2007a）。哲学家德谟克利特（Leukippos）在其所著的《世界大系统》一书中最早采用此词。

公元前4世纪，奥多克萨斯（Eudoxus，公元355~408年）提出了以地球为中心，由月、日和其他星球围绕的地心体系，初步孕育了系统的原始概念——"体系"。实际上系统一词在过去更多地体现在"体系"的含义，很显然，它与结构（structure）和组织（organization）两个词有着相近的含义或密切的联系。

古希腊的著名学者亚里士多德（Aristotle）关于事物的整体性、目的性、组织性的观点，以及关于构成事物目的因、动力因、形式因、质料因的思想，可以说是古代朴素的系统观念（武秋霞，2004）。然而，到了牛顿（Isaac Newton）和伽利略（Galileo Galilei）时代，人们逐渐用科学方法建立研究对象的数学模型。那时的科学家只是把世界看成是一个机械的、可被分析的、线性的、被组织的系统，还原论的思想占据主导地位。

到了18世纪，莱布尼茨（G. W. Leibniz）已经开始反对简单地把有机体与机械等同起来，他把宇宙看作相互联系着的事物构成的具有充满秩序的"系统"，认为"一切事物对每一事物的联系或适应，以及每一事物对一切事物的联系或适应，使每一单纯实体具有表现其他一切事物的关系，并且使它成为宇宙的一面永恒的活的镜子"（朱新春，2011）。可见，莱布尼茨已经注意到了系统整体和系统要素之间的相互作用和联系。贝塔朗菲（L. V. Bertalanffy）也对莱布尼茨给予了很高的评价，他认为："系统概念作为系统哲学，我们可以追溯到莱布尼茨。"

在18世纪末19世纪初，康德（Immanuel Kant）认为宇宙是一个大系统，具有不同的层次，而且可以称之为一种系统自组织演化的宇宙。黑格尔（Georg Wilhelm Friedrich Hegel）更多地涉及了系统的基本概念，他认为世界处在不断的运动、变化、转变和发展中（卢秀廉，2007）。

尽管"系统"这一术语在公元1600年凯克尔曼（Keckermann）所著的《逻辑系统》的书名中就已经出现，但真正理解系统的概念并认真研究知识系统性的问题则是从18世纪开始的。在这一时期出现了很多有关"系统"概念的解释，其中最具代表性的有威弗尔（W. Weaver）所著的

《科学与复杂性》，这是一本在贝塔朗菲提出"一般系统论"之前，充分体现现代系统思想和系统工程思想的著作。他在论述组织的复杂性时提出：科学面对的问题是"同时处理大量的相互联系的元素组成的有组织的整体"。这也就是为什么在谈论系统科学和系统思想时，系统科学专家更多地提及威弗尔的缘由。在这一时期，马克思（Karl Heinrich Marx）把社会看作一个有机整体，同时将人的认识放到社会环境中，认为人受制于环境也改变环境。贝塔朗菲认为研究系统观，就应当追溯到马克思和黑格尔的辩证法（丁国卿，2013）。西方学者认为马克思率先将系统方法应用于社会历史研究，是社会科学中现代系统论的始祖（杨倩，2007）。恩格斯（Friedrich Von Engels）很早就认为世界是一个有机联系起来的复杂系统，正是相互联系、相互作用构成了人类运动。

然而，现代系统思想的兴起则是在 20 世纪初，相对论和量子力学的研究使物理学有了新的发展，尤其是熵增原理标志着物理学中出现了演化，按照这个原理，一个孤立的系统，总是朝着均匀、简单、消灭差别的方向发展，但在生物学中却要经历从简单到复杂的不断演化。

贝塔朗菲在 20 世纪 20 年代阐述了机体论的思想，反对把一切都看成机械。他提出了关于系统的一些基本概念，如整体观点、动态观点和等级观点。直到 1937 年，他才第一次提出了"一般系统论"的概念，但因受到各方压力而未发表，直到 1945 年才正式发表，并于 1945 年成立了"一般系统论学会"。

与此同时，香农（Claude Elwood Shannon）在 1948 年发表了《通信的数学理论》，"信息论"由此诞生。维纳（Norbert Wiener）也在 1948 年发表了《控制论》一书，标志着"控制论"的诞生。到了 1954 年钱学森编写的《工程控制论》问世，则标志着工程控制论的出现。1969 年普里戈金（I. llya Prigogine）正是在对从简单到复杂的不断演化的矛盾的探索中创立起了耗散结构理论。到了 70 年代相继诞生了协同学［哈肯（H. Haken），1971］、超循环理论［艾根（M. Eigen），1972］、突变论［托姆（Rene Thom），1972］、混沌学［约克（J. A. Yorke）和李天岩，1975］和分形理论［芒德布罗（Mandelbrot），1973］等一系列与系统理论相关的新理论。

从西方对"系统"这一概念的理解，以及系统思想的逐步发展来看，总体上科学界对于"系统"概念的理解也走过了一个曲折往复、不断前进的历史演进道路。因此，笔者总结归纳了目前西方学术界较为认可的四个"系统"的概念：

1）在美国的韦氏（Webster）大辞典中，"系统"被解释为"有组织的或被组织化的整体；结合着的整体所形成的各种概念和原理的结合；由有规则的相互作用、相互依存的形式组成的诸要素集合等"。

2）日本工业标准（JIS）中，系统被定义为"许多组成要素保持有机的秩序，向同一目的行为的集合体"。

3）一般系统论的创始人贝塔朗菲把系统定义为"相互作用的诸要素的综合体"。并指出系统具有三个特点：一是多元性，系统是多样性的统一、差异性的统一；二是相关性或相干性，系统中不存在与其他元素无关的孤立元素，所有元素之间相互依存、相互作用、相互激励、相互制约；三是整体性，系统是由所有元素构成的复合统一整体。

4）美国著名学者阿柯夫（R. L. Ackoff）认为，系统是由两个或两个以上相互联系的任何种类的要素所构成的集合（黄慧梅，2005）。

2. 系统概念在东方的历史演进

中国有着悠久的历史和文化。朴素的系统思想，在中国古代的哲学思想中就已有所反映。德国的系统科学家哈肯曾指出："系统科学的概念是中国学者较早提出来的，这对理解和解决现代科学，推动它的发展是十分重要的，中国是充分认识到系统科学巨大重要性的国家之一"（戴汝为和李耀东，2004）。

2000多年前西周时期出现的阴阳、五行、卦象说就是明证。阴阳学说认为宇宙这个大系统是由阴和阳两种要素组成的，并且阴阳可以无限再分，而且阴阳两种元素之间不是彼此孤立的，它们相互作用，不断地进行着物质、能量和信息的交换。五行学说把宇宙视为一个系统，认为这个系统中的一切事物都是由木、火、土、金、水这五种基本物质（即五行）

构成，并认为自然界各种事物和现象的发展变化，都是由这五种物质不断运动和相互作用的结果，并且还认为构成宇宙的五行不是相互静止和孤立的，它们之间有着紧密的相互联系和相互作用。宋朝邵雍所著《皇极经世》对八卦做了详细的解释，并阐述了宇宙分层结构、运动演化思想。他认为宇宙由太极演化而成，太极生两仪（阴、阳），两仪生四象（太阳、太阴、少阳、少阴），四象生八卦（乾、坤、震、巽、坎、离、艮、兑）（［宋］邵雍，2007）。

除了对主体之外的自然世界系统的感知，古代先哲还对人自身"系统"的形成做出了解释。《黄帝内经》强调人体各器官联系、生理现象与心理现象联系、身体状况与自然环境联系，把人的身体结构看作是自然界的一个组成部分，认为人体的各个器官是一个有机的整体。用阴阳五行学说来说明五脏之间的相互依存、相互制约的关系；将自然现象、生理现象、精神活动三者结合起来分析疾病根源；在治疗上将人的养生规律和自然界的规律联系在一起，提出了"天人相应"的治疗原则（毕思文和王秀利，2003）。《黄帝内经》把人的形体划分为心、肝、脾、肺、肾等若干个功能系统，认为人的形体是由以上各个功能系统有机结合、相互之间紧密联系所构成的更大的整体（薛海和杜胜利，2007）。

此外，我国春秋末期思想家老子就曾阐明自然界的统一性，用自发的系统概念观察自然现象。古代朴素唯物主义哲学思想强调对自然界统一性、整体性的认识，把宇宙作为一个整体系统来研究，探讨其结构、变化和发展，以认识人类赖以生存的大地所处的位置和气候环境变化规律对人类生活和生产的影响。在东汉时期，张衡提出了"浑天说"，认为全天恒星都分布于一个"天球"上，而日月五星则附丽于"天球"上运行，这与现代天文学的天球概念十分接近。现代耗散结构理论的创始人普里戈金（1980）在《存在到演化》一文中指出："中国传统的学术思想是重于研究系统整体性和自发性，研究协调和配合。"但是都缺乏对这一整体各个细节的认识能力，正如恩格斯（1984）在《自然辩证法》中指出："在希腊人那里——正因为他们还没有进步到对自然界的解剖、分析——自然界还被当作一个整体而从总的方面来观察，自然现象的总联系还没有在细节方面得到证明。"直到 15 世纪下半叶，近代科学开始兴起，近代自然科学发展了研究自然界的分析方法，才把自然界的细节从总的自然联系中抽出来，分门别类地加以研究。这就是哲学史上出现的形而上学的思维方法。

19 世纪上半叶，能量守恒定律、细胞学说和进化论的发现，使得自然科学取得了许多成就（焦春丽，2008）。辩证唯物主义认为，物质世界是由无数相互联系、相互依赖、相互制约、相互作用的事物和过程所形成的统一整体。辩证唯物主义关于物质世界普遍联系及其整体论的思想，就是系统思想（钱学森，1998）。著名科学家钱学森把系统定义为：相互作用和相互依赖的若干组成部分结合成的具有特定功能的有机体（黄欣荣，2004）。

笔者认为，系统是一些相互关联、相互作用、相互制约的组成部分构成的具有某种功能的整体。根据这个定义，可见组成系统需要三个要素：

1）系统由许多部分组成。部分又称为元素、组分、单元、部件、子系统等。这就说明了系统整体与组成部分之间的关系，即整体与部分的关系。

2）部分之间存在着相互关联、相互作用、相互制约。这一要素指出了系统组成部分与部分之间的相关性关系。

3）具有某种功能的整体。这一要素说明了整体的功能性。

3. 东西方在理解系统概念上的差异

由于生产力发展水平不同、文化背景不同、东西方学者思维方式的差异，对系统概念的认识也呈现出多样性。东方学者倾向于从宏观到微观，从一般到个别，从抽象到具体来理解系统概念；而西方学者倾向于考察事物本身的特点和结构，从微观到宏观、从个别到一般、从具体到抽象理解系统概念，两者的研究思路恰恰相反。虽然这也不是绝对的，但是思维上的差异性还是对东西方学者认知世界的过程有着很大的影响。

如中医对人体经络的认识时间很长，治病讲究标本兼治，具有整体系统思想；而西医的特点是头疼医头，脚疼医脚，但对病理的分析十分到位。此外，中国古代对宇宙间事物之间联系的认识相当有哲理且具有生命力，但其在近代的社会实践中应用较少；西方科学文明起步较晚，但他们却从实证角度将对生命机体系统的认识推广到宇宙间一般系统。对系统的认识过程也是这样，东方学者更早地用系统眼光来理解世界，但在实证角度上与西方学者相比有较大差距。

虽然东西方学者在认知世界的过程中存在思维上的差异，但殊途同归的是，随着现代社会广泛的文化交流、社会经济的全球化，东西方文化在人类追求科学真理的过程中进一步融合，人们对自然规律的认识将在人类共同的科学成果基础上趋于统一，对系统概念的理解与认识也将会更加完善。

1.1.2 系统工程概念的历史演进

自从"系统工程"这个名词诞生之日起，随着人们认识的深入和社会实践的促进，理论界产生了很多版本的系统工程概念。因此，对其概念发展的历史轨迹做进一步的探讨，可以加深对系统工程的认识，并指导未来系统工程的发展。下面是国内外相关文献引用较多的几种关于系统工程的概念：

1）美国军用标准 MIL-STD-499A，FM770-78 定义（孔立中，2007）：系统工程是"对科学和工程成果的应用，以实现：①定义、分析、鉴定等过程。将作战上的需求转换成对系统性能参数和技术状态的描述。②综合过程。保证物理功能和计划的接口间具有相容性，以便优化整个系统的界限和设计方案。③将可靠性、维修性、人的因素和其他因素综合到整个工程成果中以达到费用、进度、技术性能方面的目标"。

2）1976 年，日本工业标准规定（黄慧梅，2005）："系统工程是为了更好地达到系统目标而对系统的构成元素、组织结构、信息流动和控制机构进行分析与设计的技术"。

3）1978 年，钱学森教授指出（钱学森等，2011）："系统工程是组织管理系统的规划、研究、设计、制造、试验和使用的科学方法，是一种对所有系统都具有普遍意义的科学方法"。"系统工程是一门组织管理的技术"。

4）日本学者三浦武雄等（1983）认为，系统工程是"跨许多学科的科学，而且是填补这些学科边界空白的一种边缘学科"。"系统工程的目的是研制系统，而系统不仅涉及工程学的领域，还涉及社会、经济和政治等领域，为了适当解决这些领域的问题，除了需要某些纵向技术以外，还需要一种横向技术把它们组织起来，这种横向技术就是系统工程，也就是研制系统所需要的思想、技术、方法和理论等体系化的总称"。

上面列举的几个定义多集中在 20 世纪 70 年代。随着时代的前进，人们对系统工程的认识也在不断深化，下面列举几个近年来对系统工程概念的最新定义：

1）1991 年美国军用标准草案定义："系统工程是关于验证和推进产品及过程的集成和优化的一系列平衡，以满足用户的需要并为管理决策提供信息的多学科方法。"

2）美国军用标准 499A 定义：系统工程是"科学和工程方法的应用，通过定义、整合、分析、设计、测试、评估，将操作需要变为系统运行参数的描述和设置"。并说明了整合涉及所有物理、功能、界面优化参数，涉及可靠性、可操作性、安全性、可监控性及人格化等各种因素。

3）佛尔逊的定义：系统工程是"策略分析、设计和管理的综合方法，目标是保证从若干可供选择的复杂人造系统中选择出的在长期操作环境或市场环境的意义上最能满足所有者目的的系统"。

4）申哈的定义：系统工程"指导系统的设计、发展、综合和创造，而不是系统的分析；是将操作需要和用户需要变为实在的系统"。

5）威莫尔的定义：系统工程是一种"知识、学术和专业的概念，它主要关心的是保证对软件、硬件、生物件系统的所有需要能够在系统的整个生命周期得到满足的责任"。

6）刘豹的定义：系统工程是"解决大系统最优规划、最优管理和最优控制问题的一种技术"。

7）汪应洛的定义："用定性与定量相结合的系统思想和方法处理大型复杂系统的问题，无论是系统的设计或组织建立，还是系统的经营管理，都可以统一地看成是一类工程实践，统称为系统工程"。

8）栾恩杰的定义：系统工程是"对工程系统所要达到的目标及实现该目标的措施进行整体研究，并对工程系统进行建造及运营的过程"。

9）郭宝柱的定义："系统思维应用于工程领域就是系统工程"。

可以看到，从事的具体任务不同，认识问题的角度不同，不同的人在定义系统工程时表现出的倾向也不同。目前看来，虽然对系统工程的定义仍然没有统一的倾向，但对系统工程认识的变化却出现了至少两种趋势：①系统工程的产品制造特性，即系统工程是制造满足用户需要的产品或"系统"，而不仅仅是系统本身的优化；②系统工程拓展到整个产品（或"系统"）的生命周期，至少还应该包括产品使用过程中的操作和修改，而不仅仅是到系统实施完工。

因此，笔者认为："系统工程是利用一切可以利用的思想、理论、技术、模型和方法将系统状态由现状层提升到目标层的综合提升。"

以上定义从系统工程的基本特点和任务方面阐明了系统工程的概念。当然还有许多其他类似的定义。从这些定义以及相关论述来看，对系统工程概念的共同认识有以下几点：

1）跨学科或综合集成特性。综合性是系统工程的一个主要特点。任何一项工程任务都不是靠某一个学科或某一种技术就能很好地完成的。从系统本身的分析、设计，到环境的考察分析，以及主体的综合目标，系统工程必然涉及广泛的知识领域。

2）优化特性。其任务是运用各种相关科学的理论和方法进行系统分析，低成本、高效率地设计和实现系统整体的优化。

3）技术或方法特性。即认为系统工程是一种方法。当然，这种方法涉及多个学科、多种技术，如各种数学方法、建模理论、优化、评价方法等，这些都是系统工程学的重要内容。

4）系统性，或者说整体性，这是系统工程的主要特点，对于研究对象，在系统辨识、系统设计、系统实施等各项工作中，必须全面地、多角度地考察，才能从整体上正确的认识系统自身、系统与其中的元素、系统与其他系统、系统与环境、系统的目标、研究者的任务等，这是实现系统优化的基础。

5）目标性，这也是管理学所重视的一个基本概念。一般管理强调组织活动的有序性，现代管理强调管理的目标性。目标有工程目标和技术目标两个概念，这里所强调的是工程目标，技术目标属于上述"系统性"所强调的内容，这两类目标当然是密切相关的。

1.1.3　系统工程思想的历史演进

系统工程思想源远流长，早在先秦时期的中国就已有所涉及。本书主要是以人类文明发展的各个历史阶段为纵轴，以各个历史阶段系统工程思想的发展为横轴，以点带面，以史带理，对人类文明的发展历程与系统工程思想发展的同步性进行深刻的剖析。

1. 人类文明的发展史

学术界普遍认为，文明的建立一般表现在群体社会的分工，等级制度的产生，农耕、农牧还有商业的形成等方面。而人类文明史是从人类和古猿划分的时间点来开始计算的。因此，人类文明史的起源距今已有至少七千年的历史。

原始文明是完全接受自然控制的发展时期。人类生活完全依靠大自然赐予，猎狩采集是人类得以发展的主要活动，也是最重要的生产劳动。经验累积的成果就是石器、弓箭、火等的发明。原始社会的物质生产活动是直接利用自然物作为人的生活资料，对自然的开发和支配能力极其有限，这一时期人类的头脑中还没有形成系统工程思想的雏形（欧祝平和傅晓华，2009）。

农业文明是人类对大自然进行探索的发展时期（大约距今一万年前）。由原始文明进入农业文明，开始出现了诸如青铜器、铁器、陶器、文字、造纸、印刷术等科技成果。人类主要的生产活动是农耕和畜牧，人类通过创造适当的条件，使自己所需要的物种得到生长和繁衍，不再依赖自然界提供的现成食物。对大自然的利用已经扩大到若干可再生能源领域，比如畜力、水力等，铁器、农具使人类的劳动产品由"赐予接受"变成"主动索取"，经济活动开始转向生产力发展的领域，人类开始探索获取最大劳动成果的途径和方法（欧祝平和傅晓华，2009）。这一时期已经出现了系统工程思想的萌芽，这在大量史书和人类的生产实践中均有所记载。

工业文明是人类对自然进行征服的发展阶段。随着科技和社会生产力空前发展，人类文明从农业文明转向工业文明。人类开始以自然的"征服者"自居，对自然的超限度开发又造成了深刻的环境危机。特别是科学探索活动中分析和实验方法兴起，开始对自然进行"审讯"与"拷问"。此时资本主义国家大力推行教育和科技，形成空前的经济生产力。工业文明时期是人类运用科学技术的武器以控制和改造自然取得空前胜利的时代。蒸汽机、电动机、电脑和原子核反应堆，每一次科技革命都建立了"人化自然"的新丰碑（欧祝平和傅晓华，2009）。在这一时期系统工程思想得到了长足的发展，如"阿波罗计划"和"曼哈顿计划"就是明证。

2. 人类文明发展史与系统工程思想的拟合

在人类文明发展的不同阶段，系统工程思想也随之诞生、发展、成型。因此，研究人类文明发展史与系统工程思想的拟合特质，就像研究其他历史现象一样，必须把系统工程思想融入人类文明发展的每一个脚印中，并以此划分若干历史阶段，顺次进行。

对比中西方文明发展历程，从中挖掘出能代表中西方系统工程思想发展的事件，根据各个时代发展的特点以及系统工程思想发展史中的重大标准性事件，笔者将系统工程思想史大致分为三个阶段：古代系统工程思想期、近代系统工程思想期和现代系统工程思想期。

（1）古代系统工程思想期

我们把古代文明时期的系统工程思想定义为从奴隶社会开始到 19 世纪中叶马克思、恩格斯哲学建立以前这段时期的系统工程思想。这是一个漫长的多元化发展过程，在世界的各个角落，系统工程思想的发展都各具特色，但总的来说，又与不同地区经济、文化的发展相适应。

由于这一时期较长，根据具体情况和特点，笔者又将其划分为以下三个时期：

1）古代早期（古埃及和美索不达米亚、西方的古希腊和罗马时期、中国的先秦时期）。

这段时期是东西方文明的起源，也是世界文化最为繁荣的时期之一，比如古埃及、古巴比伦王国和古代中国都属于世界文明古国。西方的古希腊出现了苏格拉底（Socrates）、柏拉图（Plato）、亚里士多德、德谟克利特等一大批著名的哲学家；古罗马完备的法律体系奠定了西方法律体系的雏形等；中国的先秦时期百花争放、百家争鸣，诞生了儒、墨、道、法等各种著名的思想流派等。这一段时期同样是古代系统工程思想最为繁荣的时期，比如古埃及的金字塔，古希腊亚里士多德的"四因说"，古罗马的斗兽场、供水系统及法律体系等，中国的阴阳八卦五行学说、《道德经》、《孙子兵法》、《黄帝内经》、都江堰水利工程等，无一不是系统工程思想智慧的体现。

2）古代中期（欧洲中世纪、与欧洲中世纪相对应时期的伊斯兰世界、中国秦以后的封建社会到 15 世纪末）。

这段时期，欧洲划分为一些闭关自守的"政教合一"的君主国，统治者力图使一切思想都成为基督教的奴仆和解释教义的佐证，人们的思想受到极大束缚，系统工程思想也同样受到教义的禁锢，人们不敢对系统有新的认识。因此，这段时期是欧洲经济、文化衰落的黑暗时代。与之对应的伊斯兰世界悄然兴起，伊斯兰人积极引进和学习希腊先哲的著作，并形成了一批具有民族特色的优秀科技文化成果，如伊本·西拿（ibn-Sīnā）的《医典》、巴尔基的《世界气候图集》等，这些著作不仅具有很高的科技文化价值，而且也体现了丰富的系统工程思想。同时期的中国处于封建社会，系统工程思想处于稳步向前发展的局面，如秦朝的郡县制是系统工程思想在政治体制上的应用、北宋的丁渭修宫是系统工程思想在工程上的实践、南宋时期的朱熹理学彰显出许多系统工程的思想等。

3）古代后期（欧洲文艺复兴以后到 19 世纪中叶马克思、恩格斯哲学建立，与欧洲这段时期相对应同时期的中国）。

伴随着十字军东征的结束，欧洲人的眼界扩展了，认识到了自己的落后，开始了著名的文艺复兴运动，诞生了但丁（Dante Alighieri）、达·芬奇（Da Vinci）等一大批的思想家、艺术家等。之后哥伦布（Christopher Columbus）历经千难万险，发现了美洲新大陆，揭开了"地理大发现"的序幕。意义更大的是，地理大发现之后，西方掀起了科技革命的浪潮，大大改变了人们的思想观念和生产生活方式。随着科技的进步，人们的系统观念也越来越强，如维萨里（Andreas Vesal）在《人体构造》中认为"解剖学应该研究活的、而不是死的结构。人体的所有器官、骨骼、肌肉、血管和神经都是密切相互联系的，每一部分都是有活力的组织单位"（周敬国，2007）。瓦特（James Watt）设计的蒸汽机调速器，能够根据外界负荷的大小，自动调节机器的转速，使机器的转速保持基本稳定，这个调速器就是一个典型的负反馈全自动控制系统，开创了现代工业自动控制的先河。而此段时期的中国，仍然处于以农业为主的封建社会，系统工程思想没有太大的突破，主要体现在李时珍的《本草纲目》、宋应星的《天工开物》和曹雪芹的《红楼梦》等作品中。

（2）近代系统工程思想期

文艺复兴以后，西方科技迅速发展。17世纪以后，已经远远领先于世界。近代西方科学研究的基本手段是还原法，即将整体的、复杂的问题还原为局部的、简单的问题加以解决。但这种方法其实是割裂了事物局部之间的联系，无法还原事物的原貌。并且随着科学的发展，学科的分类也愈加细化，出现"隔行如隔山"的现象，而解决一个复杂问题需要涉及方方面面的知识，甚至跨领域的知识，并且需要知识间的综合集成。这样，人们在更复杂的问题前开始感到束手无策。到了19世纪中叶，马克思、恩格斯总结了一系列重大科学发现，创立了唯物辩证法，从哲学的角度阐明了系统思想的精髓，开始用一种全面、联系和发展的观点看问题。

在这之后，西方掀起了研究系统思想的热潮。柏格森（Henri Bergson）的生命哲学体现了系统演化、生成的思想；怀特海（Whitehead）的机体哲学体现了整体—联系观以及过程—生成观；生态学家坦斯利（A. G. Tansley）确提出生态系统，强调生物和环境是不可分割的整体，强调了生态系统内生物成分和非生物成分在功能上的协同，把生物成分和非生物成分视为一个统一的自然实体；管理学家泰罗（Frederick Winslow Taylor）创建的科学管理理论体系，体现了最优化和协同的思想等。

因此，笔者将19世纪中叶马克思主义哲学建立到20世纪40年代系统工程正式提出，这一段时期称为西方系统工程思想的近代文明时期。而反观19世纪的中国，经历鸦片战争后，已沦为半殖民地半封建社会，之后在很长的一段时间内都处于国内战争和不稳定的状态。国家先后经历了甲午战争、土地革命战争、北伐战争、抗日战争、解放战争等。因此，这个时期中国的系统工程思想多体现在战争中，比如四渡赤水充分体现了系统布局的思想。新中国成立后，国家鼓励发展经济，其中便应用了系统工程的思想，比如著名数学家华罗庚在全国各地推广"双法"（优选法、统筹法）的群众运动，服务于工农业生产等。因此，笔者将19世纪中叶马克思主义哲学建立到20世纪70年代钱学森发表《组织管理的技术——系统工程》这段时间，称为中国系统工程思想的近代文明时期。

（3）现代系统工程思想期

在第二次世界大战期间，一些科学工作者以大规模军事行动为对象，提出了解决战争问题的决策方法和工程手段，出现了运筹学；1942～1945年，美国在制造原子弹的"曼哈顿"计划中应用了系统工程的方法进行了协调，在较短的时间内取得了成功；并且在同时代，美国贝尔电话公司第一次提出"系统工程"一词；20世纪50年代美国密执安大学的古德（H. Good）和麦考尔（R. E. Machol）出版了第一本以系统工程命名的专著；1961年美国在"阿波罗登月"计划中运用系统工程的方法进行有效的组织管理，用了近10年的时间，实现了人类遨游太空、登上月球的梦想等。

因此，笔者将20世纪40年代至今的一段时期称为西方系统工程思想的现代文明时期。而20世纪60年代的中国，在进行导弹的研制过程中也开始应用系统工程技术；1978年，钱学森对中国导弹和航天事业的丰富实践进行了理论总结，在文汇报上发表了一篇题为《组织管理的技术——系统工程》的文章，标志着中国现代系统工程的萌芽；1979 年由钱学森、宋健、关肇直、许国志等 21 名专家、学者共同倡议并筹备中国系统工程学会，于 1980 年 11 月 18 日在北京正式成立；1985 年，宋健、于景元出版了《人口控制论》，建立了人口系统的数学模型，掀起了社会系统工程的研究热潮；随后国内涌现出了一大批系统工程专家和学者，比如许国志、顾基发、戴汝为、苗东昇、李曙华、王崑声、朴昌根等，他们都从不同方面对系统工程展开了深入的研究，对中国系统工程的发展做出了重要贡献。目前，系统工程已经广泛应用到社会、经济、自然等各个领域。因此，笔者将 1978 年钱学森发表《组织管理的技术——系统工程》至今的一段时期，称为中国系统工程思想的现代文明发展时期。

根据以上对中西方系统工程思想史的分析，笔者绘制了西方和东方系统工程思想发展的分期图，分别见图 1-1 和图 1-2。

1.2　系统工程的发展脉络与研究学派

系统工程是以控制和优化系统为目的而开展的理论研究和工程实践，其概念最早由研究工程系统问题的技术人员正式提出。但由于系统工程的超领域性、开放性和整合性，有大量来自不同学科领域或针对不同系统对象的学者，从各自领域、学科背景和研究习惯出发，不断参与到系统工程研究与实践中，推动了系统工程思想和系统工程的进步。因此，在梳理系统工程研究的传统与学派之前，有必要对系统工程的萌芽、产生与发展脉络进行简要的介绍。

1.2.1　系统工程的发展脉络

1. 系统工程的萌芽

19 世纪末，电力、石油等新能源的开发大大促进了工业的发展。电

系统工程思想史

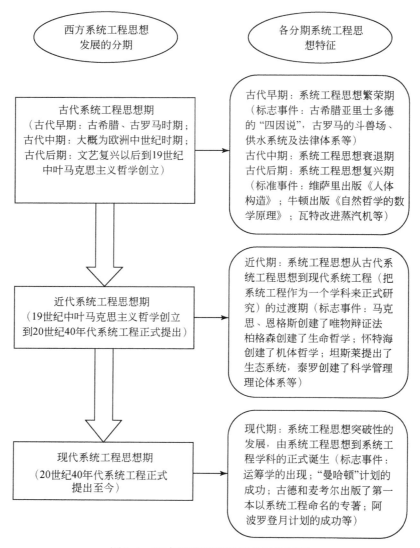

图 1-1 西方系统工程思想发展分期图

气化工业和化学工业的出现又使生产技术设备日趋复杂，并进一步促使交通和通信系统的大规模扩建。同时，物质生产开始极大地丰富，市场的需求成为制约生产发展的重要因素，企业间的竞争开始出现。在这种情况下，一方面，人们开始重视生产与经营之间的协调和综合，即开始运用系统思想来研究这类问题；另一方面，经典物理学的出现使人们认识到，只

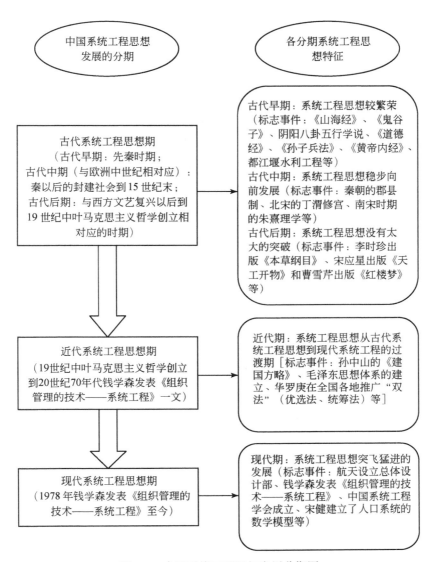

图 1-2　中国系统工程思想发展分期图

有通过对客观事物的数学描述才能深入分析事物的本质、了解它的构成机理和各种变异。因此，人们开始用数学模型和分析的方法去研究工程、经济、生物、军事和社会等方面的系统。①

———————————

① http://www.baike.com/wiki/%E7%B3%BB%E7%BB%9F%E5%B7%A5%E7%A8%8B%E5%8F%B2

2. 系统工程的产生

第二次世界大战后，科学技术迅猛发展，社会经济空前增长，同时也遭到资源过度开采，生态环境严重恶化。人们面临着越来越复杂的大系统的组织、管理、协调、规划、计划、预测和控制等问题。这些问题的特点是空间活动规模上越来越大、时间变化越来越快、层次结构越来越复杂、后果和影响越来越深远和广泛。要解决这样高度复杂的问题，单靠人的经验已显得无能为力，必须采用科学的方法。此时，信息科学和计算机的发展又大大提高了信息的收集、存储、传递和处理的能力，为实现科学的组织和管理提供了强有力的手段。系统工程正是在这样的情况下，首先从军事和大型工程系统的研制中产生并逐渐发展起来。

美国贝尔电话实验室在 1940 年开始建立横跨美国东西部的微波中继通信网时，就充分利用当时的科学技术成就来规划和设计新系统。这项工作因第二次世界大战而停顿。战后分别于 1947 年和 1951 年完成该网的 TD-X 和 TD-2 系统，并投入使用。贝尔电话实验室遂于 1951 年正式把研制微波通信网的方法命名为系统工程。

1945 年，美国国防部和科学研究开发署与道格拉斯飞机公司签订了称为"兰德计划"的合同，为美国空军研究洲际战争形态，提出了有关技术和设备的建议。50 年代以后，兰德公司已演变为一个非营利的咨询机构。兰德公司在积累多年的研究经验基础上创立的系统分析以及规划计划预算编制法等得到了广泛应用。

1958 年，美国海军特别计划局在执行"北极星"导弹核潜艇计划中发展了控制工程进度的新方法，使"北极星"导弹提前两年研制成功。这些方法用网络技术来进行系统管理，可在不增加人力、物力和财力的情况下使工程进度提前，成本降低。

1961 年，美国开始实施由地面、空间和登月三部分组成的阿波罗工程，并于 1972 年成功结束。在工程高峰时期有 20 000 多家厂商、200 余所高等院校和 80 多个研究机构参与研制和生产，总人数超过 30 万人，耗资 255 亿美元。完成阿波罗工程不仅需要火箭技术，还需要了解宇宙空间和月球本身的环境。为此美国国防部又专门制定了"水星"计划和"双子星座"计划，以探明人类在宇宙空间飞行的生活和工作条件。为了完成这项庞大和复杂的计划，美国航空航天局成立了总体设计部以及系统和分系统的型号办公室，以便对整个计划进行组织、协调和管理。在执行计划过程中自始至终采用了系统分析、网络技术和计算机仿真技术，并把计划协调技术发展成随机协调技术。由于采用了成本估算和分析技术，这项史无前例的庞大工程基本上按预算完成。阿波罗工程的圆满成功使世界各国开始接受系统工程。

3. 系统工程的发展

进入 20 世纪 70 年代以来，系统工程发展的趋势从工程应用领域继续向社会、经济、生态等方面扩展和发展。

1952 年，廷伯赫（J. Tinbergen）提出了适用于静态和平稳经济结构的线性镇定策略理论。1953 年，塔斯庭（A. Tustin）首先采用自动控制理论的观点来解决经济问题。1954 年，菲利普斯（A. W. Phillps）又采用 PID（比例—积分—微分）控制原理来改善经济政策的稳定性。50 年代中期，西蒙（H. A. Simon）等研究了宏观经济的最优控制问题。1965 年，罗马尼亚出版了《经济控制论》一书。1978 年，在第 4 届国际控制论和系统大会上讨论了控制论和社会的关系。在经济方面的主要建模方法已有投入产出模型、计量经济模型、系统动力学模型和经济控制论模型等。由于人们对经济规律的掌握还不很充分，经济系统建模尚处在初级阶段。70 年代以来，人们试图对世界范围内的资源、生态环境和经济发展模式等重大问题进行定量研究和预测，并构造了大量模型。福雷斯特（J. Forresters）和梅多斯（D. Meadows）分别在 1971 年和 1972 年提出著名的世界模型 II 和世界模型 III。此后，不少国家的学者纷纷提出各种世界模型，诸如生存战略模型、发展新景世界模型、重建新秩序世界模型、人类发展目标世界模型等。

在社会、经济、管理等有人参与的复杂系统中，由于人的行为易受心理、经验等因素变化的影响，使系统有很大的不确定性。人的思维需要用模糊子集合描述。在现代社会中，人类活动范围日益广阔，制定完善策略所需的知识和信息迅速增加，已经达到任何一个决策人或机构无法完全收集和处理的程度，信息和决策功能的分散化势在必行。社会系统是迄今为止最复杂的系统。1972 年，祝开景把对策理论的研究范围从静态推广到动态，其提供了一种适用于社会、经济和管理系统的建模方法。这种建模方法反映了系统中的层次结构，可用于宏观控制政策的制定。对策论就理论框架而言，是当时研究社会系统的理想工具。

但是，对策论把人的社会性、复杂性、心理和行为的不确定性大大简化了。对策论目前的成就还不能处理社会系统的复杂性问题。对于社会系统，需要采用定性和定量相结合的系统研究方法。

4. 系统科学体系的形成

1979 年，中国科学家提出建立系统科学体系的完整思想，并认为系统工程是以系统为研究和应用对象的一门科学技术。如同自然科学和社会科学一样，它是由三个层次组成的：①系统工程，它是系统科学的下层技术层次，是用系统思想直接改造客观世界的技术；②系统科学的技术科学层次，包括运筹学、控制论、信息论等；③系统学，是系统科学的基础科学。系统学是研究系统一般演化规律的学科，目前尚处于形成阶段。系统科学与哲学之间的桥梁则称为系统观，它为发展和深化马克思主义唯物辩证法提供素材。系统科学体系的形成标志着系统工程已经逐步成熟。

1.2.2 系统工程研究的传统与学派

经过对系统工程发展脉络的梳理，可以发现工程技术人员、组织管理人员、政策研究人员、自然科学者等，从不同的侧面、采用不同的方法，认识系统和系统工程，从而产生了局部上各具特色的研究重点与认识。因此可以总结，对系统工程的研究可分为四种传统类型和与之对应的四种学派。

1. 技术传统的工程学派

从前面的介绍可以得知，系统工程正是人们在解决工程问题时应运而生的。这一学派以工程技术和控制论专家为主，吸收和运用大量工程技术、运筹方法，侧重于工程系统的创建、系统控制与优化。这种思想以霍尔三维模型等硬系统工程方法论为代表，也体现在钱学森早期著作《工程控制论》中，是西方系统工程正式成立的起源和现代系统工程发展的开端，曾经一度时期也是系统工程的主流学派。

2. 组织传统的管理学派

这一学派以组织管理人员为主，吸收大量科学管理、组织管理等理论方法，强调系统工程是组织管理技术，以及系统工程的管理特性和社会特性。这种思想以钱学森早期的航天系统管理实践和认识为代表，也贯穿在发起于西方的项目管理、大型计划管理之中，是中国现代系统工程思想的起点。尤其以"曼哈顿计划"为代表，强调系统相对于社会环境的目标和实施过程。

3. 综合传统的系统分析学派

这一学派以大量复杂系统为对象，重视应用计算机仿真等量化手段进行系统分析，从而认识系统结构，调整系统关系，实现系统优化。在国外以圣塔菲研究院、国际应用系统分析研究院为代表，国内有航天系统科学与工程研究院、中国科学院系统数学与系统科学研究院等代表。这一学派的研究者拥有广泛的专业基础，横跨自然、社会、工程技术等领域。随着系统科学的发展以及社会各领域的复杂特性日益增加，这一学派的阵容也在不断壮大。

4. 文化传统的人文学派

一批与政治、法律和其他上层建筑领域活动有一定联系的专家着眼开放的复杂巨系统，尤其是社会系统的优化，强调综合集成和定性定量相结合地处理复杂巨系统问题，开展高层决策支持。这部分系统工程思想，以钱学森"开放的复杂巨系统理论"和"综合集成研讨厅"为依据和代表，从政治、经济、文化等角度开展社会系统工程的研究，主要侧重于关心社会的总体发展平衡。例如宋健教授领导的有关"人口定量研究及其应用"，就综合考虑了人口系统的动态特性和稳定性，人口的理想结构，人口的预报和发展过程的最优控制等。这些研究为政府制定人口政策、人口规划提供了定量的科学依据。

当然，除此之外还有一些学者从不同角度对系统工程的学派进行了划分，但万变不离其宗，最多只不过是在认识问题的侧重点上进行了更加细致的划分。

1.3　系统工程学科体系

任何一门学科，只有当它是所处时代的社会生存与发展客观需要的自然产物，同时学科内在逻辑必要的前期预备性条件又已基本就绪时，它才会应运而生，并为世所容、所重，得以充分发展（叶立国，2012）。系统工程的发展也遵循着这样的轨迹。

1.3.1　系统工程学科的历史演进

1. 系统工程学科发展史

1957 年，古德与麦考尔出版《系统工程》一书，标志着系统工程学科正式形成。20 世纪 60 年代初，霍尔（A. D. Hall）发表《系统工程方法论》，并于 1969 年提出了霍尔三维结构。20 世纪 70 年代后期，钱学森、许国志等发表了《组织管理的技术——系统工程》一文，把系统工程看成是系统科学中直接改造客观世界的工程技术（寇晓东等，2005）。1979 年起钱学森先生提出建立系统科学体系，并在以后得到不断完善。他把各门具体的系统工程看成工程技术，而把运筹学、控制论和信息论等看成技术科学，最后把系统学作为系统科学的基础科学，对这个基本体系的具体内容，钱学森先生一直在不断探索和完善。

也在这一年，由关肇直、李国平先生分别主编的《现代控制论丛书》与《系统科学丛书》也开始陆续出版，1978 年起西安交通大学、天津大学、清华大学、华中理工大学、大连理工大学等校开始招收第一批系统工程专业硕士研究生，之后一批大专院校培养系统工程学科的专门科系与专业也相继正式招生。在此前后，教育部、航空学会、自动化学会、管理现代化研究会也召开了一系列专门的会议，为系统工程的宣传、推广和队伍的组织等方面做了大量的准备工作。1979 年，钱学森在公开发表的《大力发展系统工程，尽早建立系统科学的体系》一文中，列举了系统工程的一些专业（表1-1）。

表 1-1　系统工程的一些专业

系统工程的专业	对应的特有学科基础	系统工程的专业	对应的特有学科基础
工程系统工程	工程设计	教育系统工程	教育学
科研系统工程	科学学	社会（系统）工程	社会学、未来学
企业系统工程	生产力经济学	计量系统工程	计量学
信息系统工程	信息学、情报学	标准系统工程	标准学
军事系统工程	军事科学	农业系统工程	农事学
经济系统工程	政治经济学	行政系统工程	行政学
环境系统工程	环境科学	法治系统工程	法学

此后，运筹学、管理科学、控制论及信息论等应用基础层次上学科群的形成，使系统科学从思辨的方法论层次发展为定量的以数学科学为基础的学科。非线性规划、博弈论、随机过程分析等非线性方法，以及现代信息理论和技术，使控制论、运筹学、信息论等在系统科学技术基础层次上的学科，发展得更为成熟和完善。在具体应用方面，人们更多地注重研究社会系统、经济系统（寇晓东等，2005）。

2. 系统工程学科的展望

展望未来，系统工程的发展有三个方面值得关注，即软化、跨学科融合和多文明交汇。顾基发认为，当前学术界的研究对象有从硬件到软件、从运算到软运算、从运筹到软运筹等的软化趋势。事实也证明，系统工程求解社会经济问题的出路也在于软化。系统工程本身就是跨学科研究的产物，学科交叉是系统工程之母，而目前其相关理论也大都依托于另外一门科学。近年来，已有一些西方系统专家和学者开始注意对东方传统的研究。例如，卡普拉（Fritjof Capra）所著《物理学之道——现代物理和东方神秘主义的相似性探讨》一书，到 1991 年已被译成十几种语言出版。普里斯曼（Roger S. Pressman）在 1992 年的文章中把系统方法论与东方的方法论进行综合，认为可以形成一个新的方法论。韩国系统学家李永辟（Rhee Yong Pil）1997 年的一篇文章专门介绍老子的《道德经》，并将它用于解释近代物理理论中的现象和观点（寇晓东等，2005）。

在未来一段时期，一方面要着手、着力探索系统科学基础理论的丰富；另一方面要在已往的应用工作的基础上，继续以当代面临的围绕着社会的生存与发展出现的最紧迫的全局性问题为中心，更加深入、系统地进行研究和实践，在解决这些问题的过程中，发挥本学科的作用并寻求学科自身的完善与其发展瓶颈的解决。为了实现这两方面的基本目标，还应当同时建立新的技术基础，投入适当的精力，在整体工作中注意各方面的相互补充和适应，能够比较同步协调地逐步推动这三方面的工作，使之形成新一代科学技术的统一整体。

1.3.2 系统学科的理论基础

早在 20 世纪，科学界的前辈就已为系统科学提出了许多基础性的观念、概念和理论方法，如贝塔朗菲关于整体大于局部之和的论述、运筹学的优化理论和方法、普适意义的反馈控制理论、复杂系统的层次（层级，hierarchy）结构理论、自组织理论（包括耗散结构和协同学）、混沌和分形理论、复杂适应系统理论等。特别是，20 世纪 40 年代钱学森为系统科学的学科建设做出了杰出贡献，他和他的合作者们，经过多年的探索，已为系统科学学科的体系和理论打下了全面系统的基础，并为系统科学的发展路径进行了预测和大胆的假设。

一般系统论创始人贝塔朗菲（1987）的著作《一般系统论：基础发展和应用》指出系统科学是以系统思想为中心的一类新型的科学群。它包括系统论、信息论、控制论、耗散结构论、协同学以及运筹学、系统工程、信息传播技术、控制管理技术等许多学科在内，是 20 世纪中叶发展最快的一类综合性科学。

还有一种见解认为，系统科学包括系统概念、一般系统理论、系统理论分论、系统方法论和系统方法的应用五个方面。其中，系统概念是关于系统的基本思想；一般系统理论是用数学形式描述的关于系统的结构和行为的纯数学理论；系统理论分论是指为解决各种特定系统的结构与行为的一些专门学科，如图论、博弈论、排队论、决策论等；系统方法论是指对系统对象进行分析、计划、设计和运用时所采取的具体应用理论及技术的方法步骤，主要包括系统工程和系统分析；系统方法的应用是指将系统科学的思想与方法应用到具体的某一领域中（叶向阳，2008）。

另一种见解认为，系统科学是研究系统的类型、一般性质和运动规律的科学。系统科学作为一个完整的科学体系包括系统学、系统方法学和系统工程学三个部分。系统学包括系统概念论、系统分类学、系统进化论。系统方法学有结构方法、功能方法、历史方法和系统方法学等。系统工程学是系统科学的应用领域，可定义为：系统工程学＝系统方法+运筹学+电子计算机技术（朴昌根，1985）。

综观各门学科出现的背景和现有的成果，以及系统思想发展的历史脉络，可见系统科学学科的建立有着自己的基本概念、基本原理和技术手段，建立系统工程学科体系的时机和条件已经具备。

那么，系统科学的体系结构到底该如何构建？目前在学术界也很难取得完全一致的看法。因此，笔者构建了系统工程的学科概貌图，如图 1-3 所示。将系统工程这一学科分为三个主要方面：理论系统工程、部门或区域系统工程及应用系统工程。除此以外，钱学森在 20 世纪 60 年代构建了系统科学学科体系，共下设 18 个学科，分别是系统科学、系统论、信息论、控制论、耗散结构论、协同学、突变论、运筹学、模糊数学、物元分析、泛系方法论、系统动力学、灰色系统理论、系统工程控学、计算机科学、人工智能学、知识工程学、传播学。系统论涉及的方法与理论有运筹理论、控制理论、博弈理论、模糊系统理论、软系统方法论、灰色系统理论、自组织与他组织理论、非线性动态系统理论、耗散结构理论、协同学、突变理论、超循环理论、混沌理论等。

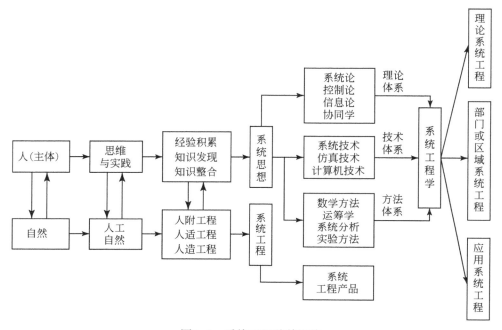

图 1-3　系统工程学科概貌

1.3.3　系统工程学科的主要研究内容

　　系统工程是运用系统和工程的思想、理论、方法和技术，科学处理和解决日益复杂的自然与社会实践问题而形成的从系统整体出发，应用现代数学、计算机、网络计算等工具和手段，对系统的构成要素、组织结构、信息交换和反馈等功能进行分析、设计、制造和服务，以充分发挥人力、物力的潜力，达到系统的最优设计、最优控制、最优管理等目标，产生的组织管理技术的学科。学科的主要研究内容包括：

　　1）系统工程学科发展理论探索。包括系统工程思想史、系统工程学科发展史和发展系统工程学等内容。主要梳理系统思想的萌芽发展到系统工程学科正式建立的历史及其发展的规律，从认知的角度对系统工程学做深入的剖析。

　　2）理论系统工程。包括基础关联理论、系统理论思潮和系统方法论等内容，从总体上研究系统工程背后的深层次基础，即与系统工程相关的科学理论、思潮和方法论。

　　3）技术系统工程。包括时间流程技术、空间定位技术、系统动力技术和管理决策技术等内容，从时间流程、空间定位、系统动力、管理决策等方面研究系统工程的技术。

　　4）应用系统工程。指系统工程理论与方法在包括工程、社会、经济、军事、环境生态、能源、农业、教育、水资源、人口等领域的应用，系统集成技术。

第 2 章
古代系统工程思想

古代系统工程思想时期指从奴隶社会时期到 19 世纪中叶马克思、恩格斯哲学建立以前的时期，这是一个漫长的多元化发展的过程，在世界的各个地区，系统工程思想在古代的发展各具特色，但总的来说，与不同地区经济、文化的发展又相适应。根据系统工程思想发展的特点，我们把这个漫长的时期又划分为三个较小的时期：古代早期、古代中期和古代后期，再就每一时期，探讨其各地区的特征。

2.1　古代早期系统工程思想

古代早期是指朴素的系统工程思想出现于世的历史时期，大体为中国的先秦时期，西方的古希腊、古罗马时期，这一阶段，古埃及、美索不达米亚、中国、印度、古希腊和稍后的罗马帝国等古代文明中心，均产生并发展了古代朴素的系统工程思想，而中国、古希腊和罗马最为重要。

2.1.1　古埃及和美索不达米亚的系统工程思想

埃及是世界上古文明的摇篮之一，而金字塔无疑是埃及文明成果的代表之一，也是系统工程思想在实践中应用的代表。埃及迄今已发现大大小小的金字塔 110 座，其中最大的金字塔是胡夫金字塔。胡夫金字塔底部边长 230 米，高 146 米，用了共 260 万块，平均每块重达 2.5 吨的石头，堆积而成。塔身的石块之间，没有任何水泥之类的黏着物，而是一块石头叠在另一块石头上面。每块石头都磨得很平，至今已历时数千年。就算这样，人们也很难用一把锋利的刀刃插入石块之间的缝隙，所以能历数千年而不倒，这不能不说是建筑史上的奇迹（王志振，2007）。在惊叹金字塔建造的伟大之余，我们不禁在想，这么伟大的工程是谁设计得如此缜密呢？这些巨大的石块如何搬运而来的？还有这些重达数吨的石块又是如何堆砌起来，并且堆得那么高呢？有人猜测这些石块不是天然石块，而是用石灰和贝壳经人工浇筑混凝而成的，也有人认为建造金字塔的时候使用了某种“机器”，甚至还有人认为金字塔的建造得益于外星人的帮忙，所以至今金字塔的建造仍是一个未解之谜，但是无论它们是怎么被建造的，或许都离不开系统工程的思想，这么巨大的工程如果没有事先的总体规划是不可能建成的，这么多工人如果没有有序的组织也是会混乱的，包括对金字塔选址及结构的设计更是综合了数学、天文地理学等多门学科的智慧，比如胡夫金字塔的塔高乘上 10 亿等于地球到太阳的距离，用二倍塔高除以塔底面积，等于圆周率，即约为 3.14159，穿过胡夫金字塔的子午线正好把地球上的陆地和海洋分成相等的两半等（刘民放，2005），如果没有对地球体结构、陆地和海洋的分布等有充分了解，是不可能设计出来的。

但无论如何，修建金字塔，一定是集中了当时古代埃及人的所有聪明才智，因为它需要解决的难题肯定是很多的。但是这些问题都解决了，金字塔修起来了，而且屹立了 4000 多年，这本身就是一大奇迹[①]。所以，可以说，金字塔是古代埃及人民智慧的结晶，是古代埃及文明的象征。显然，金字塔的修建是一个典型而庞大的系统工程的案例。

首先，它需要非常周详的计划。最重要的是选择一个稳固的场所。按照古埃及宗教理念，通常会选在尼罗河西岸，因为他们认为太阳落下的西方是死者的城镇。并且建筑金字塔所需的石块都会通过船只从尼罗河运来，作为底基的石块也必须十分坚固，不容许有任何裂缝，而且要大，才

---

① http://www.people.com.cn/GB/wenyu/68/20020912/820796.html

会稳。然后，这个场所通常是水平的且有计划地朝向北方，这样四角才会准确地朝向东西南北四个方位。其次，金字塔的建造涉及多领域多学科的知识，如数学、力学、材料学、天文学、地理学等。精确考究的尺寸，牢固坚实的构造，难以想象和复原的建造方案，这一切都需要对相应知识有充分的认识和了解。此外，若金字塔确为人工造就，如何分配人力，如何安排工序，如何用最短的时间、最少的人力完成这建筑史上的奇迹……这也正是系统学里寻求最优方案的思想。

由于历史久远和记载的缺失，金字塔到底如何建造已经无法准确考究，但无论它们是怎么被建造的，都离不开系统工程的思想。只有把整个工程或工作看成一个有机的整体，即系统，并且设法找出使这个系统变得最好、最佳、最优的方法与途径，才有可能将一个工程做好，才能让金字塔这样的奇迹成为可能。

美索不达米亚文明（又称两河文明）是人类最古老的文化摇篮之一，曾出现苏美尔、阿卡德、巴比伦、亚述等文明，美索不达米亚是古巴比伦（Babylon）的所在地。当时的巴比伦城的道路采用方格布局，反映了远古两河流域民族具有了最早的城市规划思想，这可以算得上是城市系统工程的先祖。并且在当时的乌尔第三王朝出现了人类历史上最早的法典——《乌尔纳姆法典》，它适应奴隶制的发展，主要用来保护奴隶主占有和私有制经济，镇压奴隶和贫民的反抗。乌尔纳姆王朝的组织比萨尔贡王国更加严密，中央集权的统治下事事都向最高统治者汇报——从劳动者的日薪等级，一直到国家啤酒厂的啤酒浓度[①]。随后阿摩利人灭掉苏美尔人的乌尔第三王朝，建立了以巴比伦城为首都的巴比伦王国。巴比伦的第六代国王汉穆拉比（Ammurāpi）颁布了《汉穆拉比法典》，这是古代西亚第一部较为完备的法典，也是世界上第一部较为完备的成文法典，反映出了当时的巴比伦统治者已经具备了比较系统的分析政治、经济、文化等各方面复杂问题的能力，竭力维护不平等的社会等级制度和奴隶主贵族的利益，比较全面地反映了古巴比伦王国的社会情况并在一定程度上体现了同等接近

---

① http：//baike.baidu.com/view/132837.htm

内公平的原则，并制定了相应的行为约束法则，来规范人们的行为，其中两个最著名的原则是"以眼还眼"和"让买者小心提防"①。

从美索不达米亚文明的发展和历史的更迭过程中可以看出，一代又一代统治者已经具备了一定的城市规划思想。如居民迁移、兴修水利、筑造防御工事等，充分考虑到自然因素、社会因素，经综合考量从而对城市进行系统的规划。其中值得一提的是水利工程，早在当时，古巴比伦人已经懂得疏导洪水灌溉良田。"奔腾咆哮的洪水没有人能跟它相斗，它们摇动了天上的一切，同时使大地发抖，冲走了收获物，当它们刚刚成熟的时候。"② ——这是苏美尔人在泥版上留下的诗句，生动地描述了洪水对他们的侵害。虽然在公元前 3500 年左右时，苏美尔人在狩猎的同时已经有了比较发达的农业，但是由于幼发拉底河和底格里斯河上游的降雨量大，汛期长，严重影响了农业生产的发展。与古埃及人在尼罗河上建筑大堤坝和水库不同的是，古巴比伦在洪水治理上采用疏导的方式。公元前 30 世纪中期，阿卡德王国建立之后，立即展开了大规模的洪水治理工程。他们主要靠大规模的挖沟修渠、疏导洪水的流向以分散其流量，给洪水留下出路。这样不仅治理了洪水，而且为农业灌溉提供了便利条件。古巴比伦王国是古代两河流域经济繁荣的时期，当时的统治者就以国家法律的形式保障水利设施的合理利用，《汉谟拉比法典》中有好几条条文与水利有关。汉谟拉比时期有几个年头都以"水利之年"载入史册。王国政府还设有专门官吏，负责开河渠、兴修水利等一系列事务。洪水给古巴比伦带来了威胁，同时也带来了沃土，使两河流域的农业生产得以发展繁荣起来③。这可以看做一个典型的水资源系统工程的案例。

此外，两部法典的颁布也反映出了当时的统治者已经具备了比较系统的分析政治、经济、文化等各方面复杂问题的能力，通过制定法律条文来约束行为，以更好地适应当时的社会制度，推动社会的发展。

---

① http：//baike. soso. com/v416481. htm
②③ http：//baike. baidu. com/view/40446. htm? func = retitle

2.1.2　古希腊和古罗马的系统工程思想

古希腊和古罗马这两大文明是西方文明的摇篮，是世界文明史上两座永恒的丰碑，是西方人所津津乐道的光辉时代。

在古希腊时期，出现了苏格拉底、柏拉图、亚里士多德、德谟克利特等一大批著名的哲学家，其中亚里士多德是古希腊系统思想的集大成者，也是系统思想史上承前启后的关键人物。系统论的创始人贝塔朗菲把亚里士多德看成是系统思想的始祖，并指出："亚里士多德的论点'整体大于它的各个部分的总和'是基本的系统问题的一种表述，至今仍然正确"（崔玉臣，2010）。这一点在学界已得到公认。"四因说"实际上是一种最原始、最朴素的系统哲学，其基本命题——"形式"与"质料"的关系，实质上是系统中整体和部分的关系。整体论是"四因说"中真正的合理内核。"四因说"是亚里士多德对古希腊早期自然哲学四大流派及随后思想发展的一种独到的概括总结、一种全新的提炼升华。

"质料因"即"事物所由产生的，并在事物内部始终存在着的那东西"，来源于以泰勒斯（Thales）为首的米利都学派以及留基伯（Leucippus）和德谟克利特的"原子论"。"动力因"即"那个使被动者运动的事物，引起变化者变化的事物"，来源于赫拉克利特（Heraclitus）的"火"和恩培多克勒（Empedocles）的"爱憎说"。"形式因"即事物的"原型亦即表达出本质的定义"，来源于毕达哥拉斯学派的"数"和柏拉图的"理念"。不难看出，以"数"和"理念"，为万物之本所强调的实际上都是"通式"的定注作用。"目的因"即事物"最善的终结"，可追溯到巴门尼德（Parmenides of Elea）的"存在"和阿那克萨哥拉（Anaxagora）的"理性"（张献忠，2008）。

亚里士多德认为"四因"在自然界普遍存在，并且阐明了"四因"的相关性。如果说亚里士多德以前的自然哲学家已分别涉及自然界的"四因"，那么他们也只是知其一而不知其二，因此难以对自然界的整体做出令人信服的统一解释。亚里士多德强调："既然原因有四种，那么自然哲学家就必须对所有这四种原因都加以研究。并且作为一个自然哲学家，他应当用所有这些原因——质料、形式、动力、目的——来回答‘为什么’的问题。"以房子为例，它的存在涉及质料、形式、动力、目的四方面的原因。其他任何具体的事物也可以按此类推。不可否认亚里士多德集大成的"四因说"的确比以前的自然哲学理论更全面，有更强的解释能力（张献忠，2008）。

如果对亚里士多德的"四因"赋予现代含义的话，那么不难看出："质料"相当于组成，"形式"相当于结构，"动力"相当于相互作用，"目的"相当于功能。任何一个系统的存在及描述都离不开组成、结构、相互作用和功能这四个要素。从这个含义上来说，亚里士多德的"四因说"确实是一种最原始、最朴素的系统哲学，其主旋律是整体性的辩证法，而亚里士多德则是整体论的先行者。

在哲学史上，亚里士多德是第一个把整体与部分的关系作为一个基本的哲学问题来加以探讨的人。在探讨过程中他毫不掩饰其鲜明的整体论倾向，即把整体摆到第一位。从逻辑上来看，"整体在先"包含两层意识：第一，在定义上部分往往要借助于整体来进行说明，比如"弧是圆的部分"、"手是人的器官"等；第二，在程序上认识总是先把握住整体再深入到部分，比如先把握房子整体再细看其组成部分（崔玉臣，2010）。

归结起来，亚里士多德指出："对我们来说，明白易知的起初是一些未经分析的整体事物，而元素和本源是在从这些整体事物里把它们分析出来后才为人们所认识的。"这样一种从整体出发，又不限于整体，而深入到部分的方法论，可说达到了古代世界的最高水平。亚里士多德在科学史上的显赫地位是毋庸置疑的，其中以生物学方面的建树最为突出。为什么会这样？科学史家丹皮尔（W. C. Dampier）指出："亚里士多德之所以在生物学方面成功，是因为生物学直到近年来为止，一直主要是一门观察的科学。"恐怕更重要的原因在于，生命在自然界中具有最明显的整体。所以亚里士多德这个整体论者在生物学中，能够如鱼得水，大显身手。确实，亚里士多德的生物学研究同他的整体论自然哲学密不可分。他的四部生物学著作：《论灵魂（生命）》、《动物自然史》、《动物的组成部分》、

《动物的生殖》，恰好是按照从整体到部分、从现实到潜在而排列的，其中包含着丰富的整体论自然哲学的思想。实际上这也是"整体大于部分之总和"的另一种表述（叶侨健，1995）。

在天文学领域，亚里士多德倡导地心说，认为地球静止地居于宇宙中心，太阳、月球、行星和恒星都绕着地球转动，后来，古希腊学者阿波隆尼（Apollonins）提出本轮均轮偏心模型。约在公元140年，亚历山大城的天文学家托勒密（Claudius Ptolemaeus）出版《天文学大成》一书，书中总结并发展了前人的学说，建立了宇宙地心体系。地心体系学说具有很强的系统思想，首先，它认为宇宙是一个体系，这个宇宙体系有九重天，即九个旋转的同心晶莹球壳，地球位于宇宙的中心，远离各个天球，静止不动，一切重物都被吸引到地上，最低的一重天是月球天，其次是水星天和金星天，太阳居于第四重天上，以它的光辉照亮了宇宙，火星天、木星天和土星天是第五到第七重天，第八重天是恒星天，全部恒星向宝石一般镶嵌在这层天上，在恒星天外还有一重原动天，那里是神居住的地方，这便是宇宙体系的结构；其次，它认为每个行星都沿着一个叫做"本轮"的较小的圆作匀速运动，而本轮的中心又沿着一个叫做"均轮"的大的圆绕地球作匀速运动，这便是宇宙中的其他星球与地球之间的关系，即围绕着地球这个中心旋转。托勒密把地球认为是宇宙的中心，太阳、月球、行星和恒星都绕着地球转动，这并没有反映行星运动的本质，直到16世纪中叶，哥白尼提出了日心体系，地心体系被摒弃，人们逐渐对宇宙体系有了更正确的认识。

托勒密的天体模型是一个巨大的系统工程。首先他需要确立这个系统的核心，他设想整个天体系统是围绕着某一中心的匀速运动，这不仅符合当时占主导思想的柏拉图的假设，也适合于亚里士多德的物理学，易于被接受（陈亚华，2009）。另外，托勒密在建立地心说时，他把整个系统分为了几种圆周轨道不同的组合，并预言了行星的运动位置，体现了系统的层次性，系统是由相互作用和相互依赖的若干组成部分结合的具有特定功能的有机整体。系统作为一个相互作用的诸要素的总体来看，可以分解为一系列不同层次的子系统，并存在一定的层次结构。系统的结构就是子系统及其子系统之间联系方式的总和。在当时的历史条件下，托勒密首先肯定了大地是一个悬空着的没有支柱的球体。其次，从恒星天体上区分出行星和日月是离我们较近的一群天体，这是把太阳系从众星中识别出来的关键性一步。托勒密提出这样的行星体系学说，是具有进步意义的，这样也体现了系统工程追求最优化的思想。系统工程是实现系统最优化的组织管理技术，因此系统整体性能的最优化是系统工程所追求并要达到的目的。系统通过协调系统各组成部分的关系，使系统整体目标和采取的方法达到最优。

亚里士多德以后，希腊文明衰落，罗马帝国建立，古罗马帝国横跨欧、亚、非大陆，文明成果璀璨，但古罗马帝国的文明不同于希腊文明，希腊人重科学、重理论，罗马人重技术、重应用，所以古罗马时期的系统工程思想基本上都蕴含在它的工程里，比如古罗马城的供水体系、古罗马斗兽场等，并且古罗马人很重视法律和法学，很注意法律的制定、登记和注释，观其法律体系，也深深地蕴含着系统工程的智慧。

当时的古罗马城城市规模大、人口多，人们对水的需求量很大，且罗马城设在山丘上，台伯河河床低，取水不便，所以为了解决城市的生活用水问题，在公元前 312 至公元 226 年的 500 余年中，罗马城先后修建了 11 条大型输水道，建立了一个比较完整的城市供排水系统。罗马城的供排水系统是一个大型的系统工程，它包括水源的开发、调蓄、分引、输水、排水等环节，其水源主要来自罗马城郊外的河流、湖泊和泉水以及凿井汲水，外部水源通过引水渠引入到罗马城市周围 200 多个大大小小的水库和池塘中蓄存，然后通过水库和池塘中的闸门和城市分引水管道将分水配给城市的居民、公共浴场和喷泉使用。此外，罗马城还兴修了城市排水渠道系统，能够将暴雨径流从罗马城排除。在水资源的使用管理上，罗马政府向用水户按人头征收水税。

罗马的供排水系统不仅包括水源的开发、调蓄、分引（图 2-1）、输水、排水等工程，而且还有一套与之配套的水资源管理办法，因此，罗马的供排水系统是一个从硬件到软件都较为完整的城市供排水系统。

古罗马的排水系统无疑不是一个单纯的工程，它是整个社会需求的产

图 2-1　古罗马引水道

物，具有系统工程的思想，考虑到了社会、政治、经济等多方面的因素。从社会方面看，排水系统的修建改善了人们的生活环境、公共设施和防疫系统。从政治方面看，随着罗马对外征服战争的胜利赢得了更多的战利品，罗马疆域的不断扩大使得全国税收不断增大，这为排水道系统的修建提供了物质基础。从经济方面看，罗马主要还是以农业为主的国家，排水系统的修建为农业贫瘠的土地提供了更多的营养。系统工程是一门涉及多学科和多专业的学科，古罗马的排水系统考虑了社会众多因素，涉及方方面面，不仅是人类历史上一项伟大的工程实践，也是系统工程的典范。

提到古罗马，不能不提及古罗马斗兽场，它是古罗马文明的象征，并且古罗马斗兽场也是最能体现古罗马时期系统工程思想的杰出代表。

罗马斗兽场，建于公元 72 至 80 年间，历时 8 年，动用几万名战俘，所用的材料全部是水泥和砖块，从外观上看，它呈正圆形；俯瞰时，它是椭圆形的（图 2-2）。它的占地面积约 2 万平方米，最大直径为 188 米，小直径为 156 米，圆周长 527 米，围墙高 57 米，这座庞大的建筑可以容纳近 9 万人数的观众（郭继兰，2010）。

斗兽场的一共有四层，一到三层由一系列的环形拱廊组成，每层分别有 80 个圆拱，第四层则以小窗和壁柱装饰，场中间为角斗台，长 86 米，宽 63 米，为椭圆形。斗兽场所有看台不是在同一个水平面上，而是分层

图 2-2　古罗马斗兽场遗址

来设计（一共四层），后一层依次比前一层高，这样后面一排人的视线就不会被其前一排人所挡着，从而确保了所有人都能很好地观察到比赛。可见，斗兽场的看台系统的设计体现了系统工程思想中的层次性观念。观众们入场时就按照自己座位的编号，首先找到自己应从哪个底层拱门（底层有 80 个拱门）入场，然后再沿着楼梯找到自己所在的区域，最后找到自己的位子（陈兵，2007），由此也确保了人员流动的有序性和安全性，这便是系统的有序性思想。

斗兽场顶层的房檐下面排列着 240 个中空的突出部分，它们是用来安插木棍以撑起遮阳帆布（天篷），皇家舰队的水兵们负责把它撑起以帮助观众避暑、避雨和防寒，而且遮阳帆布向中间倾斜，便于通风，这样一来大斗兽场便成为一座透明圆顶竞技场，这样的天篷设计充分考虑了避暑、避雨、防寒、通风以及透光等多种因素，足见其考虑问题的全面性。[①]

在斗兽场的舞台下面是地宫，地宫也是一个复杂的系统，里面有许多坡道、绞盘轴和方形榫眼、横梁、管道等结构，甚至还有径流运河。地宫主要用于储存道具、牲畜、角斗士，表演的时候，工人通过转动绞盘的滑

---

① http：//baike. baidu. com/subview/267373/9780528. htm？fromId=267373&from=rdtself

轮，把角斗士或参与角斗的动物以及舞台布景从地下吊上来，营造出让观众吃惊的效果[①]。此外，地宫还有引水排水系统，比如公元248年魔术师们就曾将水通过地宫里的输水道引入斗兽场的表演区，形成一个湖，表演海战的场面，来庆祝罗马建城1000年。

罗马斗兽场由天篷、看台、拱门、地宫等部分（小系统）组成，天篷的设计确保了斗兽场空气流畅、光线充沛；看台的设计使座位具有层次性、观众视觉效果好；拱门的设计能够保障人员能够迅速涌进和涌出；地宫为营造出让人吃惊的舞台效果提供支持。这些部分有机地融合在一起，成就了罗马斗兽场这朵人类建筑史上的奇葩（大系统），其设计至今仍被大型体育场所沿用。

公元3世纪以前，在罗马形成国家的初期，成文法典并不存在，唯一具有法律权威和功用的便是当时人们的习惯。由于习惯法没有固定的成文形式，具有很大的伸缩性和不确定性，法官在审理案件时往往偏袒贵族。在当时，贵族不仅拥有大量土地和奴隶，而且奴役广大平民。但平民拥有一定的财富，同时担负兵役，掌握一些武装，因此形成了一股足以和贵族相抗衡的力量。处于不平等地位的平民不断向政府施加压力，要求政府编纂成文法，并以三次"撒离运动"向贵族施压。为了维系罗马社会的稳定和团结，罗马政府在不同时期制定或颁布了一系列的法规和文献。在公元前454年，元老院被迫承认人民大会制定法典的决议，设置由贵族及平民各五人组成的十人法典编纂委员会，赴希腊考察法制，立法的工作主要由梭伦（Solon）完成。公元前451年，制定并通过了法律十表，次年，又制定两表。因各表系由青铜铸成，故习惯上称《十二铜表法》（于语和和董跃，2000）。它是古代罗马第一部成文法典。它从法律条文的思路和格式上为后来罗马公民法奠定了基础，成为罗马法体系的渊源。作为罗马历史上第一部有章可循的成文法，《十二铜表法》也体现了法律对社会生活的规范、均衡、制约作用，为后来罗马法的发展奠定了基础。

在当时的条件下，制定一部法律并不是一件容易的事情。首先，虽然

[①]　http：//www.huisongshu.com/lost/rome/2012/0602/3143.html

在立法的过程中借鉴了希腊的法律，但对罗马而言，建立成文法仍是首次，之前并没有相关经验。其次，在法律修订过程中涉及民法、刑法和诉讼程序等方面，与生活方方面面都有关，不能脱离实际简单地空想。在习惯法汇编整理的基础上，还需要对一些过去忽略的地方进行补充。最后，在制定过程中充分考虑到统治阶级和普通民众的利益制衡，在保证贵族阶级利益的前提下做出一定程度的让步，对贵族随意解释法律进行限制。任何一部成文法的制定都不是简单的工作，需要综合众多的因素，从多角度考虑才能保证工作的顺利进行。在法律的制定过程中，梭伦起到了至关重要的作用，他首先完成对整个法律框架的构建，确定整部法律的基调，之后在习惯法的基础上，将《十二铜表法》划分为十个部分，即传唤、审判、求偿、家父权、继承及监护、所有权及占有、房屋及土地、私犯、公法、宗教法，涵盖了当时庭审的主要部分，之后在法律的执行过程中，又添加了前五表之补充、后五表之补充，使法律得到进一步的完善。

从法律的产生到完善这一过程中，系统工程的思想得到了充分的体现。将法律的制定看作是一个完整的系统，而不仅仅是部分之和，在整部法律的撰写过程中就能保证基调一致，主旨得以明确，避免了相互重叠和彼此冲突的可能。同时，从整个系统的角度去考虑问题，降低了工作的难度，不再是盲人摸象，依赖于传统的经验，而是着眼于大局，高屋建瓴地将整个社会各个方面囊括其中，做到了分析和综合的统一。运用系统工程的思想，能将制定《十二铜表法》这样复杂的工作更好更高效地完成。

在《十二铜表法》之后，罗马政府又相继颁布了一系列仅适用于罗马公民内部的法规和文献，以进一步规范罗马公民的行为，维护罗马政府的统治，这些法规和文献被统称为"公民法"。从公元前 4 世纪征服意大利半岛开始，罗马进入帝国时代，罗马有了殖民地，罗马国家为了调整和处理罗马人与非罗马人，以及非罗马人之间的权利关系，相继通过和颁布了一系列决议或法令。逐渐形成为一种适用于境内各民族的共同法律，因而被统称为"万民法"。公元 212 年，卡拉卡拉（Caracalla）皇帝颁布敕令授予帝国全体自由民以公民权，罗马人与境内外邦人在法律上的差别逐步消失，于是"公民法"和"万民法"逐渐统一起来。历代罗马帝国的统治者都非常重视对国家法律的整理和研究，推动了罗马法典的编纂，造就了一批法学家，促进了各种法律学说和学派的兴起，充实了罗马法的内容。公元 6 世纪中叶，东罗马帝国的皇帝查士丁尼（Justinian）组织编纂了罗马帝国的法律大全——《查士丁尼民法大全》。《查士丁尼民法大全》是《查士丁尼法典》、《查士丁尼学说汇编》、《查士丁尼法学总论》和《查士丁尼新敕》的合称，此大全是罗马法的精华和集锦，它总结和汇集了罗马法和罗马法学发展的最高成就，它的颁布标志着罗马法已经发展到完备阶段（李红，2004）。

罗马法律体系囊括了从《十二铜表法》到《查士丁尼民法大全》之间的所有法律，它非常完善和全面。首先，它涵盖主体多，罗马法的适用对象涵盖了罗马公民以及罗马殖民地的非罗马人，比如有仅适用于罗马公民内部的法规和文献——"公民法"，还有调整和处理罗马人与非罗马人，以及非罗马人之间的权利关系的决议或法令——"万民法"；其次，它涉及范围广，罗马法涉及了人类的商业活动、社会活动等各个领域，比如它对简单商品生产的一切重要关系如买卖、借贷、债权、合同契约、遗产继承以及伤害赔偿以及人的其他社会行为都有非常详细和明确的规定，为规范社会秩序、调解复杂的社会矛盾提供了法律手段；再次，它的法律知识全，罗马法不仅严格界定法律主体的权利和义务，而且阐明了相关法理，比如《查士丁尼民法大全》中的《学说汇编》就收集了大量已知公认的法学家的法理陈述，为人们提供了行使权利和承担义务的法律依据（姜守明，2007）。罗马法是世界史上内容最丰富，体系最完善的古代法律，可以说罗马法的制定和完善过程是一项复杂的系统工程。

2.1.3 中国先秦时期的系统工程思想

从公元前一千多年前的八卦与周易学说的提出，到春秋战国时期的"百花齐放、百家争鸣"，一直到秦帝国的建立，这一段时期是我国思想文化最为繁荣的时期之一，也是我国古代系统工程思想非常丰富的一个时期。在这一时期形成的《山海经》、鬼谷子思想、阴阳五行学说、《道德经》、《孙子兵法》、中医理论、都江堰工程都是应用系统工程思想的典范。

《山海经》被称为中国最早的、具有百科全书性质的文明典籍，由多位无名作者集体创作，共 18 卷，3.1 万字，涉及地理、历史、宗教、文学、哲学、民族、民俗、动物、矿物、医药等多个学科，体现了跨学科跨领域的综合集成思想。神话学家袁珂认为《山海经》包罗万象，是一部全面摄取古人生活状况的百科全书。地理学家将《山海经》推举为中国第一部远古地理专著。新史学家则认为《山海经》之中有许多宝贵的材料。

鬼谷子思想是先秦时代留下的一块瑰宝，也是古代朴素系统工程思想的精髓体现。鬼谷子思想理论体系侧重于社会、政治、军事等方面的研究，"捭阖第一、反应第二、内揵第三、抵巇第四、飞箝第五、忤合第六、揣情第七、摩意第八、说权第九、设谋第十、决断十一、符言十二"等思想所体现的方法论和认识论具有辩证唯物主义倾向，是朴素的古代辩证法思想，也可以说是朴素的古代社会系统工程思想，甚至可以说是朴素的古代社会系统工程思想和军事系统工程思想。

阴阳学说把宇宙看成一个大系统，认为这个大系统由阴和阳两种要素组成，即阴阳中复有阴阳，而且阴阳两种元素之间不是彼此孤立的，它们相互作用，不断地进行着物质、能量和信息的流动，使双方能够不断滋生、促进和助长对方，互为动力，体现了系统工程思想中的动力说思想。阴阳之间对立制约以及互根互用，导致一个事物中所含阴阳的量和阴阳间的比例不断消长变化，当消长变化发展到一定程度时，阴与阳的比例就会出现颠倒，事物的属性就会发生转化，这体现系统内部结构的变化会导致系统性质和功能变化的系统工程思想。周朝人以阴阳二爻为基础，根据不同的组合形成八种卦象，即八卦。八卦以卦象对应自然界八种事物，以八种事物分析自然和人事，预卜吉凶祸福。这种将自然万物的本原归结为天、地、火、水、雷、泽、风、山八种基本原素的观点，具有朴素的系统观念（涂建华，2010）。

五行学说把宇宙视为一个系统，认为这个系统中的一切事物都是由木、火、土、金、水这五种基本物质所构成，即组成系统的要素。五行学说通过类比和推演的方法，把宇宙中的一切事物都归到这五行中，并认为自然界各种事物和现象的发展变化，都是这五种物质不断运动和相互作用的结果，也体现了系统内部结构的变化会导致系统性质和功能变化的系统工程思想。五行学说中还认为构成宇宙的五行不是相互静止和孤立的，它们之间有着紧密的相互联系和相互作用，五行之间相生与相克，关系如图2-3所示，这也蕴含了普遍联系的系统观。

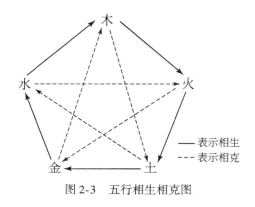

图 2-3　五行相生相克图

到了20世纪70年代以来，不少学者应用现代控制论、信息论、系统论，电子计算机等原理和方法来研究五行学说，对五行学说的生克制化理论进行了确切地解释，并给予了高度的评价，称五行学说为具有东方色彩的普通系统论。已故著名中医学家任应秋教授在其所著的《中医基础理论六讲》中指出：中医学的五行学说是一种具有东方色彩的比较完整的普通系统论的哲学理论（邓小峰，2007）。

《道德经》是中国历史上首部完整的哲学著作，传说由春秋时期的老子李耳所撰写。老子的《道德经》中也多处体现了系统工程思想，第四十二章有："道生一，一生二，二生三，三生万物。万物负阴而抱阳，冲气以为和"。意思是世界万物都是由"道"演变而来的；"一"为元气，即世界之初是一团气体，呈一片混沌状态；"二"为阴阳，元气中产生阴阳二气；"三"为天地人，阳气上升，形成天，阴气下降，形成地，也有一部分阳气下降，一部分阴气上升，相互作用，形成人和万物。这个观点就体现了现代混沌学思想及自发自演化思想。第二十五章有："人法地，地法天，天法道，道法自然"，以及第五十七章有："天下多忌讳而民弥贫。民多利器国家滋昏。人多伎巧奇物泫起。法令滋彰盗贼多有。故圣人云我无为而民自化。我好静而民自正。我无事而民自富。我无欲而民自朴"。这里所体现的"道法自然，无为而治"思想就是朴素的系统自组织思想。另外，老子在《道德经》中揭示出诸如长短、高下、美丑、难易、有无、前后、祸福、刚柔、损益、强弱、大小、生死、智愚、胜败、巧拙、轻重、进退、攻守、荣辱等一系列矛盾都是对立统一的，任何一方面都不能孤立存在，而须相互依存、互为前提，即"有无相生，难易相成，长短相形，高下相倾，音声相和，前后相随"（第二章）。在事物的对立统一中，他还比较深刻地认识到矛盾的双方可以相互转化，指出"祸兮福之所倚，福兮祸之所伏"，"正复为奇，善复为妖"（第五十八章）。把事物都包含有向相反方向转化的规律，概括为"反者道之动"（第四十章）。这些观点鲜明地反映了系统工程思想中的辩证思维。

《孙子兵法》是我国著名的军事著作，由我国春秋时期著名军事家孙武所著。《孙子兵法》也蕴含了极其丰富的系统工程思想，如《孙子兵法》中说："兵者，国之大事，死生之地，存亡之道，不可不察也。故经之以五事，校之以计而索其情：一曰道，二曰天，三曰地，四曰将，五曰法"，把战争看成是一个涉及道、天、地、将、法五个方面的事情，由这五个因素来综合推断一场战争的胜负，这是一个全面而系统地看待事物的观点。此外，《孙子兵法》中还体现了系统结构决定系统功能的思想，如《孙子兵法》中说："所谓古之善用兵者，能使敌人前后不相及，众寡不相恃，贵贱不相救，上下不相收，卒离而不集，兵合而不齐"。这就是说在两个系统的竞争中，要尽量想办法让对方的系统各要素之间不能互相支持和优化，破坏对方系统的结构，那么不论对方系统中的每一个单独的要素功能如何好，对方的系统的整体功能必然低下，对方的系统整体上必然失败。《孙子兵法》中还说："夫金鼓、旌旗者，所以一人之耳目也。人既专一，则勇者不得独进，怯者不得独退，此用众之法也"，也体现了系统工程的整体性思想。意思是对于自己系统内的各个要素，组合成一个统一的良好的系统结构，让各要素间相互支持，相互优化，这样虽然单个要素"有勇有怯"，功能各异，但是"勇者不得独进，怯者不得独退"，结果就会获得系统的整体胜利。另外，历史上著名的田忌赛马的故事（《孙子兵法》的传人孙膑的故事），就是用相同系统要素进行不同的组合，形成不同的系统结构，从而产生完全不同的系统功能的典型事例。并且《孙子兵法》中还很好地诠释了系统局部目的和整体目的之间的关系，孙子认为"不战而屈人之兵"是战争的最高境界，说明"不战而屈人之兵，善之善者也"是战争的最高追求，孙子把"不战而屈人之兵"作为战争的整体目标，凡是能够有利于实现这个整体目标的，就是好的要素，其余皆等而次之。故孙子曰："凡用兵之法，全国为上，破国次之；全军为上，破军次之；全旅为上，破旅次之；全卒为上，破卒次之；全伍为上，破伍次之。是故百战百胜，非善之善者也"。这说明只有达到整体目的的最优实现，才是最优，局部最优未必整体最优，局部（低层次）的方案必须服从和服务于整体（高层次）目标的实现，如果局部方案对整体目的的实现无益或者有害，就是再好的方案也不是最优方案，故孙子曰："百战百胜，非善之善者也"（华杰，2003）。

中国中医理论也充分体现了系统工程的思想。《黄帝内经》是中医的代表著作，是中国现存最早的一部医学典籍，包括《素问》和《灵枢》两部分，系统论述了中医学的理论原则和体系结构，强调人体各器官联系、生理现象与心理现象联系，身体状况与自然环境联系，把人的身体结构看作是自然界的一个组成部分，认为人体的各个器官是一个有机的整体，体现了系统思维（薛海和杜胜利，2007）。《黄帝内经》把人的身体划分为心、肝、脾、肺、肾等若干个功能系统，认为人的形体是由以上各个功能系统（心、肝、脾、肺、肾等脏腑）有机结合、相互之间紧密联系的大系统。《黄帝内经》中把五脏六腑（心、肝、脾、肺、肾等脏腑）、四肢百骸等各个子系统或要素有机结合、协同运作所形成的系统整体称为"形"，而认为"心"是主宰"形"的超级系统，"心"与"形"之间的关系是系统中整体与局部或要素之间的关系，这与现代系统论所述的"系统整体对局部或要素起支配、统帅、决定的作用，协调各局部或要素朝着统一方向运动发展，而局部则处于被支配、被决定的地位"的现代系统工程思想极其一致。在诊断治疗方面，《黄帝内经》将人看成一个系统来诊断和治疗，不同于西方头痛医头、脚痛医脚的还原论诊治方式。并认为人生病是由组成它的各个子系统或要素运行不协调而造成的，因而其治病也按照系统稳定和协调的原则来进行，认为某个子系统不协调、不到位往往是另一个系统不稳定、不到位而造成，如"肾气通于耳，肾和则能闻五音矣"，意思是耳有病可通过治肾获得疗效（曾凯和杜胜利，2001）。可见《黄帝内经》中的诊断治疗方法体现了明显的系统整体思维。

都江堰是应用系统工程思想的典型范例。都江堰水利工程是中国战国时期秦国蜀郡太守李冰及其子率众修建的一座大型水利工程，是至今为止年代最久、唯一留存、以无坝引水为特征的宏大水利工程。都江堰渠首由鱼嘴分水堤、飞沙堰溢洪道和宝瓶口进水口三大主体工程构成，如图 2-4 所示。科学地解决了江水自动分流、自动排沙、控制进水流量等问题，消除了水患，使川西平原成为"水旱从人"的"天府之国"（封光寅等，2004）。都江堰水利工程的三个子工程融为一个整体，巧妙配合实现了彻底排沙、最佳水量的自动调节的作用。

图 2-4　都江堰

"鱼嘴"是都江堰的分水工程，因其形如鱼嘴而得名，它昂头于岷江江心，把岷江分成内外二江。西边叫外江，俗称"金马河"，是岷江正流，主要用于排洪；东边沿山脚的叫内江，是人工引水渠道，主要用于灌溉；鱼嘴的设置极为巧妙，它利用地形、地势，巧妙地完成分流引水的任务，而且在洪、枯水季节不同水位条件下，起着自动调节水量的作用（程澜，2008）。鱼嘴所分的水量有一定的比例。春天，岷江水流量小；灌区正值春耕，需要灌溉，这时岷江主流直入内江，水量约占六成，外江约占四成，以保证灌溉用水；洪水季节，二者比例又自动颠倒过来，内江四成，外江六成，使灌区不受水潦灾害。在流量小、用水紧张时，为了不让外江40%的流量白白浪费，采用杩搓截流的办法，把外江水截入内江，这就使内江灌区春耕用水更加可靠（薛晓雯，2009）。

飞沙堰的作用主要是当内江的水量超过宝瓶口流量上限时，多余的水便从飞沙堰自行溢出；如遇特大洪水的非常情况，它还会自行溃堤，让大量江水回归岷江正流。另一作用是"飞沙"，岷江从万山丛中急驰而来，挟着大量泥沙、石块，如果让它们顺内江而下，就会淤塞宝瓶口和灌区。飞沙堰真是善解人意、排人所难，将上游带来的泥沙和卵石，甚至重达千斤的巨石，从这里抛入外江（主要是巧妙地利用离心力作用），确保内江通畅，确有鬼斧神工之妙（程澜，2008）。

宝瓶口，是前山（今名灌口山、玉垒山）伸向岷江的长脊上凿开的一个口子，它是人工凿成控制内江进水的咽喉，因它形似瓶口而功能奇特，故名宝瓶口。留在宝瓶口右边的山丘，因与其山体相离，故名离堆（华清，2007）。宝瓶口宽度和底高都有极严格的控制，古人在岩壁上刻了几十条分划，取名"水则"，那是我国最早的水位标尺。在离堆右侧，还有一段低平河道，河道底下有一条人工暗渠，那是为保障成都工业用水的暗渠。那段低平河道，当洪水超过警戒线时，它又自动将多余水量排入外江，使流入内江水位，始终保持安全水准，这就便利了成都平原，既有灌溉之利，又无水涝之忧。

都江堰水利工程，正确处理鱼嘴分水堤、飞沙堰泄洪道、宝瓶口引水口等主体工程的关系，使其相互依赖，功能互补，巧妙配合，浑然一体，形成布局合理的系统工程，联合发挥分流分沙、泄洪排沙、引水疏沙的重要作用，使其枯水不缺，洪水不淹。都江堰的三大主体工程，科学地解决了江水自动分流、自动排沙、控制进水流量等问题，消除了水患，变水害为水利。都江堰是中国古代人民智慧的结晶，是中华文化划时代的杰作。

2.2　古代中期系统工程思想

系统工程思想史上的古代中期是在奴隶社会古文明结束后开始的，基本上同欧洲封建社会的建立、发展和衰亡相适应。这一阶段，世界范围内的系统工程思想的发展体现在三个地区：中国、伊斯兰世界和欧洲，其中，中国和伊斯兰世界的系统工程思想获得稳步发展，而欧洲的系统工程思想则出现了大倒退。

2.2.1　欧洲中世纪的系统工程思想

罗马帝国内部在后期分崩离析，至 5 世纪后半叶日耳曼族南侵，形成了相互隔离、闭关自守的一些政教合一的君主国。这一时期封建割据、战争频繁，而且国内政教合一，教会为了维护他们的统治，用宗教禁锢人们的思想，因此这一时期是欧洲科技、文化的大衰落时期，生产力发展停滞不前，人民生活在毫无希望的痛苦中，所以中世纪在欧美普遍被称作"黑暗时代"。

由于教会对人们思想的禁锢，在中世纪，古希腊、罗马的文化成果未得到应有的继承，统治者力图使哲学、科学成为基督教的奴仆、解释教义的佐证。比如当时鼎鼎有名的经院哲学，便是一种为宗教神学服务的思辨哲学。它的研究只允许在基督教教义的范围内自由思维，为信仰找合理的根据，它反对离开教义而依靠理性和实践去认识和研究现实。其中经院哲学的集大成者托马斯·阿奎那斯（Thomas Aquinas），被称为"天使博士"（Doctor Angelicus）和"神学之王"，他的主要著作有：《论存在与本质》、《哲学大全》、《亚里士多德〈政治学〉注释》、《神学大全》等。其中《神学大全》是他论述神学思想最重要的、最系统的著作，是经院哲学的百科全书。他所创立的"宇宙秩序论"认为："宇宙秩序是上帝按等级体系进行安排的。最底一级的是无生命界，再上是植物界，再上是动物界，再按等级阶梯上升到人、圣徒、天使，至高无上的是上帝。在宇宙秩序中，下级服从上级，上级统御下级，层层统御，层层归属，最后统属上帝。如果人想改变上帝的安排，去提高等级，那是犯罪的"（王战，2009）。阿奎那斯的"宇宙秩序论"强调宇宙系统的层次性，也具有系统工程的思想，但是系统工程的思想只是一种思维手段，它本身没有目的，阿奎那斯用系统结构的层次性思想来阐述他的"宇宙秩序论"观点，显然是在维护教会的合法统治，让人们接受社会等级的不可改变性。

阿奎那斯的"宇宙秩序论"体现了一般系统中的层次性，并且和系统分析方法中的层次分析法不谋而合，阿奎那斯将宇宙万物分为是无生命界、动物界、人、圣徒、天使、上帝等等级，这样分类才能实现对世界的分门别类，才能抵消各等级的人们的阶级归属感，以致放弃对自由和平等的追求。系统存在层次性，高层次系统由低层次系统构成，所以低层次的属性，高层次一般也能体现出来，但是低层次中的元素经过相互作用产生新的属性。系统层次越高，该层次系统的属性越多，低层次是不会拥有和高层次一样的属性的。系统的层次性区分的这个标准可以保证不同层次的个体目标及整体目标的实现。阿奎那斯的"宇宙秩序论"是为统治者设计的，因为人民有了严格的等级观念才会放弃自己的平等、自由的权利，这样才会使得高高在上的神或君主能够长存于人民心中，作威作福。

在 12 世纪以后，由于十字军东征的影响，欧洲人的地理眼界扩展了。科隆人马格奴斯（Albertus Magnus）继承了亚里士多德的气候带学说，并进而一般探讨了地表高度和方位对气候的影响，以及地理环境和动植物之间的关系。可见，马格奴斯把世界看作一个相互联系的整体，彼此之间存在着相互影响，这体现了系统工程思想中的联系性观点。

十字军东征后，欧洲还创建了许多大学，比如法国的巴黎大学（1150年），英国的牛津大学（1168 年）、剑桥大学（1209 年），西班牙的萨拉曼卡大学（1218 年），意大利的摩德纳大学（1175 年）、锡耶纳大学（1240 年）等一批大学，至 1500 年，全欧洲已有 80 所大学。这些学校不但教授神学课程，还教授物理、化学、数学、修辞、法学、逻辑学、医学等课程，体现了系统工程思想中的综合性思想，这些大学的建立以及这些学科的发展为后来欧洲文艺复兴、宗教改革准备了条件。

欧洲在中世纪虽然取得了一些文明成就，但是远未超过古希腊和罗马时期的文明，同样，中世纪的系统工程思想发展也比古希腊和罗马时期衰退了。

2.2.2　伊斯兰世界的系统工程思想

公元 7 世纪，伊斯兰教的鼻祖穆罕默德（Muhammad）团结了分散的阿拉伯部落，以《古兰经》为宗教的教义和信条，进行传教。《古兰经》含有丰富的系统工程思想：①《古兰经》是阿拉伯人的第一部书，除宗教外，还包括了宇宙、天体、地球、地质、气象、医药、化学、政治、商业等各个方面，其内容涉及生活的方方面面，体现了系统的思想。②《古兰经》以全面的观点看事物，总是从一个事物对立统一的两个方面进行描绘。如《古兰经》认为，真主创造了宇宙，"他使黑夜侵入白昼，使白昼侵入黑夜"，"真主使昼夜更迭"，它写白天的同时写黑夜。在《古兰经》中，类似的写法还很多，例如，写天的同时写地，写男人的同时写女人，写懦弱的同时写强壮，写今世的同时写后世，等等。③《古兰经》还把世界看作是相互联系的一个整体。如《古兰经》认为，真主在天空中产生云，云被风吹动，产生雨，雨水降落地面，滋润着植物生长。这样就把风、云、雨、植物联系到一块去了，风和云相互作用，产生雨，滋润植物。④《古兰经》总是从全过程来把握事物。例如，关于人类，真主用泥土和精液创造了男人，又用同样方法造出一个女人。男女结交，女人怀孕。于是有了精液—凝血—肉团—胎儿这一系列发展过程。出生以后，人又经历从婴儿到成年再到老年的发展过程，最后变成"坟中的朽骨"。这个过程，揭示了一个人从"无"到"有"，又从"有"到"无"的辩证发展过程。

《古兰经》本身就蕴藏着系统工程的基础原理，这部经典著作的内容中包括了生活的方方面面，这首先满足了一个系统中存在的各个组成部分。只有各个部分齐全才能够形成一个系统，在《古兰经》的社会系统中包括宗教、宇宙、天体、地球、地质、气象、医药、化学、政治、商业等各个社会文明方面的知识，这形成了一个庞大的知识系统。《古兰经》以全面的观点看事物，总是从一个事物对立统一的两个方面进行描绘。这样既符合唯物主义中的对立统一规律，又符合系统工程理论中各个组成部分相互联系的观点。《古兰经》把世界看作是相互联系的一个整体，这本身符合马克思主义哲学的世界是相互联系的统一整体的观点，同时和系统工程科学中的"1+1>2"的观点有一定的关系。《古兰经》正是能够全面、详实地描述了整个社会中的各个组成部分的关系，才使得这部巨著能够得到伊斯兰世界的认可，如果书中只有单方面或分裂的多方面描述，这本书也就不能够称为《古兰经》了。

事物的发展是一个循序渐进的过程，《古兰经》总是从全过程来把握事物，这样符合系统工程中从整体过程去把握事物的观点和一般系统论中系统整体性的特征，即从事物的开始到结束都放在整个系统的考虑范围，从整个系统去考虑，弱化小部分，强化整体效果。

中世纪的阿拉伯国家把希腊数学、医学、哲学书籍译成阿拉伯文，并且在继承西方文明的基础上，创造了本国的文明。阿拉伯的数学家阿尔-花刺子模（Al-Khwarizmi）不仅创建了代数学，在算数方面还发表了《印度计数算法》，并把阿拉伯十进制的数学传播到欧洲和世界各地。物理学家阿尔-海塞姆（Al-Haytham）首先明确提出了反射定律，在光学上的成就对欧洲的罗杰培根（Roger Bacon）和开普勒（Johanns Kepler）影响很大。医学家伊本·西拿的著作《医典》问世后被世界医学界奉为"医学经典"。其中《医典》中很多地方体现出系统工程的思想，首先，《医典》直接继承了古希腊的医学遗产，也吸收了中国、印度、波斯等国医药学的成就，汇集了欧亚两洲许多民族的医学成果（吴敏等，2010），这是一个综合集成的思想。其次，《医典》不仅讲解如何治病，而且还诠释病理，《医典》第三卷即为病理学，书中对脑膜炎、中风、胃溃疡等病因、病理有过科学的分析。《医典》不仅讲解如何治疗，而且还注重预防，第四卷中提出了对流行病的预防和保健卫生措施；同时，《医典》主张对疾病的治疗应采取养生、药物和手术三者兼施并用。这些都反映了一种全面的系统观。再次，《医典》中论述了人体构造、疾病与自然环境的关系，记述了切脉、观察症候、检验粪尿等诊断方法，对切脉列举了 48 种脉象，把握了身体的内在疾病和脉络及外在症候之间的联系，体现了普遍联系的思想。最后，《医典》首创性地把人的疾病分为脑科、内科、神经科、胸科、妇科、外科、眼科等，并分门别类地对各种疾病的起因、症状的治疗加以详细记述，而系统工程的主要思想之一便是把混沌的系统更加有序化、更加有条理化。

　　《医典》汇集了欧亚两个大陆的医学成果，内容丰富、完善，融合了两个大陆的医学成就，使得两个相互独立的医学体系成为一个体系。这部书分为五卷，第一卷为总论，第二卷为药科学，第三卷为病理学，第四卷为各种发热病、流行病及外科等病状，第五卷为诊断。五卷内容互相联系，成为一个整体，体现了一个系统的整体性。《医典》主张对疾病的治疗应采取养生、药物和手术三者兼施并用。一个系统中的组成部分的功能是要符合整个系统功能整体趋势的，并且一个系统的整体目标或结果是各个分系统的目标或结果的总和。在这些分支刚开始的目标中只能是一些单一的线性目标，就是单一的用养生、药物或手术来达到治愈病人的目标，但是实际中不可能只存在单一的目标，如治疗费用、手术复杂度、医生水平等情况对这三种治疗手段产生了制约，只有将三种手段结合现实情况才能实现治疗目的的最大化。这在系统工程的目标规划中有很好的体现。

　　《医典》中论述了人体构造、疾病与自然环境的关系，这体现了马克思主义哲学中的世界是存在普遍联系的观点，一个系统是存在偶然性和必然性的，并且是有着输入输出的情况。医学中只有充分了解病人的人体构造、疾病与自然的关系才能找到最佳的治疗方法。这在系统工程中的输入输出部分是相互对照的。《医典》首创性地把人的疾病分为脑科、内科、神经科、胸科、妇科、外科、眼科等科室，这体现了系统中整体性的逐渐集中情况，并且分支使得这个医学系统更加清晰，这就是系统工程科学的目的，就是将混沌的、不清晰的结构和内容加以整理分析，得到依据一定逻辑而得到的一个整体。医学各个分支最后集中于几个单一的科室，并且这几个科室有着一定的病理、药理的关系，这又体现了一个系统中各个部分的相互作用和相互依赖的，因为系统是由相互作用相互依赖的元素组合而成。

中世纪的阿拉伯，上承欧洲古典文明，下启欧洲文艺复兴运动。当西方在"黑暗的中世纪"徘徊时，穆斯林掀起了翻译欧洲古典文明成果的高潮，12世纪后重新被翻译成欧洲文字的古典文明成果在欧洲社会广为流传，并且它地处亚欧大陆之间，是东西方文明交流的枢纽，比如中国的造纸术、罗盘针、火药，印度的代数学、位置计算制和"0"的符号，也都是通过阿拉伯人传入欧洲的，这对14世纪以后兴起的欧洲文艺复兴运动有着巨大的推动作用。

2.2.3　古代中期中国系统工程思想

科学史专家李约瑟（Joseph Needham）指出，从公元前2世纪到公元15世纪，中国人民享有全世界各族人民中最高的生活水平。同欧洲中世纪（约公元476年—1453年）相反，中国古代中期的系统工程思想一直处于稳步向前的局面。

在思想方面，南宋时期的朱熹理学继承和发展了北宋程颢、程颐的理学，完成了理气一元论的体系。朱熹认为，理是万物产生的源头，它蕴涵一切，产生阴阳两气，两气相斥相合而生万物。理内在地渗透于任何事物之中，任何事物的存在都被理所支撑。

朱熹的《语类》中有"一草一木，与它夏葛冬裘，渴饮饥食，君臣父子，礼乐器数，都是天理流行，活泼泼地。哪一件不是天理中出来！见得透彻后，都是天理"（《语类》卷四十一）。可见，理具备了充塞宇宙，贯通万物，嫁接自然与社会，沟通人伦与天道，蕴涵所有，统摄一切的功能，以理解释了世界的整体性和统一性，体现了系统的思想。

朱熹把"太极"作为理的概括和表征。他说每一事物都有自己的理，但总有一极致的理，这总括众理、决定众理之理就是天理也就是太极。理的全体以太极的形式存在于具体事物之中，"分而言之，一物各具一太极也"(《语类》卷九十四)。这说明了有决定众理之理的天理还有决定每一个事物性质的物理，体现了理的层次性，也是系统工程思想层次性的体现。

朱熹认为任何事物都有其相对立的一面，"天地统是一个大阴阳。一年又有一年之阴阳，一月又有一月之阴阳，一日一时皆然"(《语类》卷一)。朱熹就可以通过把任何事物区分为存在着对立的两极，而这两极共处一体，这体现了对立统一的辩证思维，也是系统工程思想的体现。

"天地之化，包括无外，运行无穷，然其所以为实，不越乎一阴一阳两端而已，其动静、屈伸、往来、阖辟、升降、浮沉无性"。"及至一动一静，便是阴阳。一动一静，循环无端"(《语类》卷七十六)。在朱熹看来事物运动发展的动力在于事物内部阴阳互易的相互运动，这也是系统思想的体现。

朱熹认为天理以太极的形式存在于事事物物之中，既然物我一体，那么探究天理的方式就有向外探究格物穷理和向内探究克己复礼（理）两种。朱熹强调对外的探求是获取知识的基础，"道学问"比"尊德性"更重要，认为理是从外界获证的，这就为随着时代、科学、经济、文化、政治等的发展对何为理进行解释预留了空间，体现了朱熹理学的开放性（邓涛，2006），也体现了开放的复杂巨系统思想。

在政治上，秦始皇统一全国后，将全国划分为三十六个郡，实行郡县制，秦郡县地图如图 2-5 所示。郡县制也是系统工程思想的重要体现，它的结构就是现在图论中的树结构，其树干是中央政府，端部坐着皇帝；然后主干分叉，成为主枝，每一主枝相当一个郡（省），主枝又分为次枝，相当于一个县；次枝分为末枝，相当于保甲；末枝上长叶，相当于家庭。郡县制的这种结构，使中央、郡、县像一棵大树的树干、主枝、次枝一样紧密地联系在一起，形成了一个整体。

郡县制确立后，郡守、县令和县长都由皇帝直接任免，不得世袭，并且中央通过考课和监察的方式来对地方进行管理。郡守于每年秋冬向中央朝廷申报一年的治状，县也同样要上集簿于郡，中央或郡即在这时各对其下属进行考核，有功者可受奖赏或升迁，有过者轻则贬秩，重则免官、服

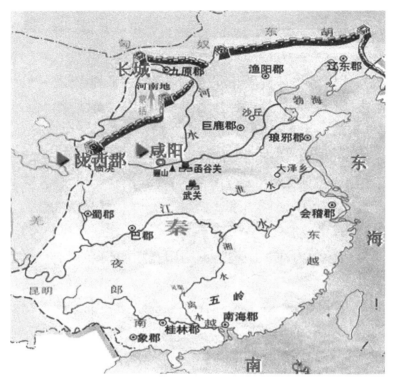

图 2-5 秦郡县地图

刑（王静，2009）。考课的方式体现了自下而上的设计思想。和考课相辅而行的是监察制，中央派郡监或刺史以监郡，郡县也各派督邮或廷掾以监县或乡，刺史、督邮等可随时按劾有罪赃的守、令或其他官吏（王静，2009）。监察的方式体现了自上而下的设计思想。这种将自下而上和自上而下相结合的系统工程思想，保障了中央对地方的有效控制以及考核信息的真实性。

郡县制有利于维护国家统一与领土完整，它改变了西周时期各诸侯国相互分裂，彼此争霸的局面；在郡县制下，能够更有效地集中全国各郡的人力、物力和财力进行大规模的生产活动和经济建设，它比以前分封制时期更有效地实现了资源配置，实现了社会生产的全局优化，体现了系统思想。

在工程上，北宋的丁渭修宫和明朝永乐大钟的铸造是系统工程思想应用的典范。

北宋（公元 960 年—1127 年）年间，皇城（今河南开封）因不慎失火，酿成一场大灾，熊熊大火使鳞次栉比、覆压数里的皇宫，在一夜之间变成断壁残垣。为了修复烧毁的宫殿，皇帝诏令大臣丁渭组织民工限期完工。当时，既无汽车、吊车，又无升降机、搅拌机，一切工作都只能靠人挑肩扛来完成。加之皇宫的建设不同于寻常民房建筑，它高大宽敞、富丽堂皇、雕梁画栋、十分考究，免不了费时费工，耗费大量的砖、砂、石、瓦和木材等（周冰，2009）。当时，使丁渭头痛的三个主要问题是：①京城内烧砖无土；②大量建筑材料很难运进城内；③清墟时无处堆放大量的建筑垃圾。

为在规定时间内按圣旨完成皇宫修复任务，做到又快又好，丁渭首先把烧毁了的皇宫前面的一条大街挖成了一条又深又宽的沟渠，用挖出的泥土烧砖，就地取材，解决了无土烧砖的第一个难题；然后，他再把皇城开封附近的汴河水引入挖好的沟渠内，使又深又宽的沟渠变成了一条临时运河，这样，运送沙子、石料、木头的船就能直接驶到建筑工地，解决了大型建筑材料无法运输的问题；最后，当建筑材料齐备后，再将沟里的水放掉，并把建筑皇宫的废杂物——建筑垃圾——统统填入沟内，这样又恢复了皇宫前面宽阔的大道（周冰，2009）。

显然，这是一个非常杰出的方案。首先，丁渭就地取材烧砖，解决了近处无土烧砖的难题，避免了从更远的地方去取土烧砖；其次，利用河道运送大量建筑材料，既解决了运输难题，又能将各种建筑材料直接水运到工地，这对当时只有马车与船只的时代，节省大量的运力，意义十分重大；最后，本来要运到其他地方去的大量建筑垃圾现在统统埋进了沟中，节省了运力，节省了时间，减少了对环境的污染。这种综合解决问题的思想就是一种典型的朴素系统工程思想。这个当时就被古人赞誉为"一举而三役济"的"丁渭造宫"，用今天的观点看来仍是值得称道的（周冰，2009）。丁渭将皇宫的修复全过程视为一个"系统工程"，将取土烧砖，运输建筑材料，垃圾回填看成了一串连贯的环节并有机地与皇宫的修筑工程联系了起来，有效地协调好了工程建设中看上去无法解决的矛盾，从而不但在时间上提前完成了工程，而且从经济上也节省了大量的经费开支，又快又好地完成了皇宫的修复工作，实现了整个系统的最优——既省时又省钱。系统工程的核心思想就是把所做的每一项工作或所研究的每一件事物看成了一个有机的称之为"系统"的整体，并且设法找出使这个系统变得最好、最佳、最优的方法与途径。就像丁渭修宫那样，创造性地找到使皇宫的修筑工程得以顺利进行的方法。

永乐大钟是中国现存最大的青铜钟，如图2-6所示，于明代永乐年间铸造。铜钟通高6.75米，钟壁厚度不等，最厚处185毫米，最薄处94毫米，重约46吨；钟体内外遍铸经文，共22.7万字；铜钟合金成分为：铜80.54%、锡16.40%、铝1.12%，为泥范铸造。

图2-6 永乐大钟

永乐大钟的制造涉及各种技术，实现了将各种技术的综合集成，体现了系统工程思想。第一，永乐大钟铸造水平高超、移钟技术绝妙，永乐大钟形大量重，高6.75米，重约46吨，但当时能制造的炼炉最高才4米，容量最大1000千克，这么大的钟是怎样造出来的呢？经研究和考证，永乐大钟的制造采用的是陶范法，先在地上挖出十米见方的深坑巨穴，按设计好的大钟模型，分七节制出供铸造使用的外范，低温阴干，焙烧成陶。再根据钟体不同断面的半径和厚度设计车刮板模，做出大钟的内范。当七个陶制外圈依次对接如七级浮屠之状时，浑然一体的大钟外范便拼装成功了（白杉和于荫，2004）。永乐大钟铸造好后，当时是怎样移到宫中并挂于钟楼之上的呢？原来大钟铸好后，先每隔一里路挖一口井，再沿路挖沟引水，待到冬天的时候，泼水结冰，然后开始搬运，大钟在路上步步滑行几十里才至宫中，再滑到冰土堆上，然后建钟楼，钟挂于楼顶，春天解冻后取土而钟悬（流畅，2008）。第二，永乐大钟上的文字排版合理，大钟内外铸有 23 万多字的佛教经文和咒语，23 万字的版面，安排得匀称整齐，从头至尾绝无空白，又一字不多一字不少，真要经过一番精心的运筹和计算。第三，大钟铸造材料的化学成分匹配合理，其上下部位的成分是均匀而一致的：铜 80.54%，锡 16.41%，铅 1.12%，锌 0.22%。青铜的机械性能曲线显示，当含锡量在 15%～17% 时，抗拉强度达最高值，声学性能也达到最佳状态。因此，钟体使用五百多年，仍完好如初，并且其音响奇妙优美，轻撞，声音清脆悠扬，回荡不绝达一分钟；重撞，声音雄浑响亮，尾音长达 2 分钟以上，方圆 50 千米皆闻其音。第四，科学的悬挂方法，此钟的悬挂方法符合力学原理，悬钟木架采用八根斜柱支撑，合力向心，受力均匀，大钟悬挂在主梁上，全靠一根长一米、高 14 厘米、宽 6.5 厘米的铜穿钉，穿钉虽承受几十多吨的剪应力而安然无恙（流畅，2008）。

2.3　古代后期系统工程思想

系统工程思想史上的古代后期，指的是从地理大发现开始，经由科技革命、产业革命，一直到马克思主义哲学建立的这段时期，显然这一时期的系统工程思想具有从古代到近代的过渡性质。

2.3.1 古代后期西方系统工程思想

公元 14 世纪西方开始文艺复兴运动，刺激了科学的进步，科学的进步又集中在公元 17 世纪体现为生产力的大发展、大变革。17 世纪西方开始的工业革命彻底改变了人们的生产方式，也改变了社会结构和文明发展的历程，到 19 世纪工业革命完成，西方在生产力水平上远远超越了东方的古老文明（林波和薛昱，2008）。此段时间，西方的科学技术水平在世界遥遥领先，系统工程思想也获得了长足进步。

1543 年，维萨里出版了他的伟大著作《人体构造》，系统阐述了他多年来的解剖学实践和研究。该书强调了解剖工作时候的优先项，也就是后来被称作人体解剖学的观点——把人体的内部机能看作是一个充满了各种器官的三维的物质结构。这就和过去的解剖学模型形成明显对比，过去的那些模型都带有强烈的盖仑（Galen）或亚里士多德的色彩，更带有占星学的成分。此外，该书以大量、丰富的解剖实践资料，对人体的结构进行了精确的描述（周敬国，2007）。书中将人体系统按结构和功能分为骨骼系统、肌肉系统、血液系统、神经系统、消化系统、内脏系统、脑感觉器官七个子系统，分别给予详细叙述。

当时欧洲医学界都把盖仑学说当作金科玉律。盖仑是古代希腊的医生，他写的 16 部著作被宣布为医学经典。其中《论人体各部分的用处》成为欧洲医师对于人体知识的主要来源。但 1500 年来被人们崇信的人体解剖大权威盖仑，却从没有对人体进行过解剖。他在书中描述的大部分情况都是未曾见过的。他的解剖学知识是在对猴子作外部解剖，用猪作内脏解剖而得来的。而维萨里则通过解剖实践，指正或纠正了盖仑体系中的两百多处错误，尤其是指出了心脏的中隔很厚并由肌肉组成，他在再版《人体的构造》一书中否认血液能透过中隔。这为后来的血液循环理论及生理学的发展创造了条件。维萨里在解剖学上的革新，以及对解剖学概念的标准化，为近代解剖学的建立和发展奠定了基础（张玉涛，2002）。

显然，维萨里在人体解剖学方面的工作和革新充分运用了系统学的思想。首先，维萨里把人体的内部机能看作是一个充满了各种器官的三维的物质结构，这体现了系统工程思想中的模型学说。其次，维萨里不仅注意到每一个具体的器官结构，而且强调对活的有机体进行观察、研究，看到它的整体性。他在书中写道："解剖学应该研究活的而不是死的结构。人体的所有器官、骨骼、肌肉、血管和神经都是密切相互联系的，每一部分都是有活力的组织单位。"这体现了系统具有整体性和系统各部分相关性的思想。然后又分别对每个子系统的结构和功能给予详细叙述，体现了系统具有层次性和目的性的思想。系统是由相互作用相互依赖的若干组成部分结合而成的，具有特定功能的有机整体，任何一个系统都可分解为一系列不同层次的子系统。系统各要素间有密切关系，相互影响、相互制约、相互作用，牵一发而动全身。维萨里将人体看作一个系统，而不是人体各个部分的简单加和，并且充分肯定了人体系统的各个子系统之间不是彼此孤立，而是相互联系、密切协作的，这无疑体现着深刻的系统学思想。

1687 年，英国伟大的科学家艾萨克·牛顿出版了《自然哲学的数学原理》一书，该书是第一次科学革命的集大成之作，它在物理学、数学、天文学和哲学等领域产生了巨大影响。该书的宗旨在于从各种运动现象探究自然力，再用这些力说明各种自然现象（徐建科，2013）。牛顿在书中首次提出牛顿运动定律，奠定了经典力学的基础。牛顿也是在此书中首次发表了万有引力定律，还给出了开普勒行星运动定律的一个理论推导（开普勒最早给出的只是经验公式）。《自然哲学的数学原理》被认为是"科学史上最重要的论著之一"。

在该书中，牛顿阐述了牛顿运动三大定律，揭示了物体运动的规律，如牛顿第二定律的内容是：物体在受到合外力的作用会产生加速度，加速度的方向和合外力的方向相同，加速度的大小与合外力的大小成正比，与物体的惯性质量成反比。定律中不仅给出了外力、加速度和质量三者之间关系的文字描述，而且还给出了相应的数学模型：$F = ma$，另外在《自然哲学的数学原理》的最后一部分是"论宇宙的系统"，牛顿推导出了万有引力定律：任意两个质点通过连心线方向上的力相互吸引。该引力的大小与它们的质量乘积成正比，与它们距离的平方成反比，与两物体的化学本质或物理状态以及中介物质无关。数学公式为 $F=GM_1M_2/R^2$。万有引力定律出现在"论宇宙的系统"部分里，它旨在揭示天体运动的规律，但是由于天体的质量等不可能直接测量，所以就天体研究天体的运动规律是行不通的，因此牛顿在实验室里通过实验观察，研究质点间的引力规律（实验室中质点的质量、半径、引力都是可测的），进而推广到宇宙中天体的一般运动规律，这里实验室中的质点其实就是天体的模型。

　　无论是牛顿第二定律的数学模型，还是实验室中作为天体的模型的质点，这些都展现了系统工程思想中的模型学说（包括理论模型、数学模型和物理模型等）。而系统模型就是指以某种确定的形式（如文字、符号、图表、实物、数学公式等），对系统某一方面本质属性的描述。

　　建模是研究系统的重要手段和前提，凡是用模型描述系统的因果关系或相互关系的过程都属于建模。因描述的关系各异，所以实现这一过程的手段和方法也是多种多样的。牛顿第二定律的数学模型——$F=ma$ 就是通过对系统本身运动规律的分析，根据事物的机理来建模；而牛顿研究推导万有引力定律时的天体模型则是通过对系统的实验或统计数据的处理，并根据关于系统的已有知识和经验来建立的。牛顿在研究时一大特点是对错综复杂的自然现象敢于简化，善于简化，从而建立起理想的物理模型。宇宙间星体的相互影响是无限复杂的，每个星体都是一个引力中心，所以它是一个相互作用的多元的复杂系统；而且每个星体都有一定的形状和大小；每个"行星既不完全在椭圆上运动，也不在同一轨道上旋转两次"。面对这一情况，不采用简化模型予以分别处理是极为困难的。牛顿采用的简化模型的步骤是：从圆运动到椭圆运动，从质点到球体，从单体问题到两体问题。他一次又一次地将他的理想模型与实际比较，再适当加以修正，最后使物理模型与物理世界基本符合。这就完全体现了系统建模所遵循的原则：①切题；②模型结构清晰；③精度要求适当；④尽量使用标准模型。建模的思想在科学中非常重要，17 世纪后，西方科技远超过中国，其中一个很重要的原因便是西方注重理论研究，进而抽象为模型。而中国基本上是理论和技术两张皮，理论研究很少。

　　16 世纪和 17 世纪，随着欧洲人的海外扩张，他们认识的生物种类大大增加了。古代的植物学著作只描述了大约 500 种植物，而 1600 年时欧洲人认识的植物达到 6000 种左右，1700 年时达到 12 000 种左右。由于没有一个统一的命名法则，各国学者都按自己的一套工作方法命名植物，致使植物学研究困难重重。其困难主要表现在三个方面：一是命名上出现的同物异名、异物同名的混乱现象；二是植物学名冗长；三是语言、文字上的隔阂。对生物准确命名和分类，成为当务之急（邓涛，2006）。1735年，林奈（Carolus Linnaeus）出版的《自然系统》一书，就担当起了这个任务。《自然系统》一书是林奈人为分类体系的代表作，此书的副标题是："即可以在大自然的三个界中，按纲、目、属、种进行系统的分类"。林奈说："分类和命名是科学的基础"，植物学研究当前最迫切的需要是"识别植物，系统地命名，包括属名和种名"。在书中，林奈创建了自然界的动植物分类方法及分类体系，把自然界分成了三大界：矿物界、植物界、动物界。林奈依据植物雄蕊的数目和特征，将植物分为 24 纲，每纲再分为若干目。依据动物的心脏、呼吸器官、生殖器官、皮肤及感觉器官的特征，将动物分为哺乳纲、鸟纲、两栖纲、鱼纲、昆虫纲、蠕虫纲，共六大纲。

林奈《自然系统》一书给出的分类体系有几个重要特点：①增设"纲"、"目"两个分类等级。亚里士多德以"种"为生物分类的最基本单位，相近的"种"划为一"属"，这已经沿用约两千年。林奈又把相近的"属"归为一"目"，相近的"目"归为一"纲"，适应了生物种类大大增加的新形势。现在使用的分类体系，在林奈的基础上又增加了"门"和"科"两个新等级。②采用双名制。过去生物只有俗名，各地依方言命名，很不统一，同名异物和同物异名的情况很多。为克服命名上的混乱，特给每一种生物都定出学名，它是由属名与种名两个名字组成，故称双名制。学名之后还有加上为之命名的科学家的名字，并附上这种生物的特征介绍，记录在案。这样一来，就不会有同名异物和同物异名现象了。双名制虽不是林奈最先倡导，但是，是林奈《自然系统》一书最早系统运用双名制。这种双名制一直沿用至今。

显然，《自然系统》的撰写充分运用了系统学的思想。林奈把自然界看成了一个大的系统，创建了自然界的动植物分类方法及分类体系，把自然界分成了三大界：矿物界、植物界、动物界。林奈的《自然系统》中选取某些特征指标作为生物的分类依据，在这些分类依据下，将最相近的动植物化分为一"种"，又将相近的"种"划为一"属"，相近的"属"归为一"目"，最后将相近的"目"归为一"纲"，林奈的分类体系，充分体现了物种之间的关联性以及区别性，并且林奈按关联度的大小，将物种划分为纲、目、属、种四个从大到小的层次，其完全采用了系统树状结构的联系方式，层次清晰，分类明确。体现出了分类体系的层次性，反映了系统工程思想中的有序性和层级性思想。同时，林奈运用属名与种名两个名字组合（即双名制）来给生物命名，避免了以前各地依方言命名，同名异物和同物异名的现象，使生物系统的名字由混乱走向条理化，生物命名的混乱局面也因此被他整理得井然有序。系统比以前更加优化，这体现了系统工程的优化思想。系统工程的核心思想就是把所做的每一项工作或所研究的每一件事物视为一个有机的"系统"整体，并且设法找出使这个系统变得最好、最佳、最优的方法与途径。林奈的最大功绩是把前人的全部动植物知识系统化，摒弃了人为的按时间顺序的分类法，选择了自然分类方法。他创造性地提出双名命名法，包括了 8800 多个种，可以说达到了"无所不包"的程度，被人们称为万有分类法（邓涛，2006）。这些无不体现了丰富的系统工程思想。

在 17 世纪末 18 世纪初，随着矿产品需求量的增大，矿井越挖越深，许多矿井都遇到了严重的积水问题。为了解决矿井的排水问题，当时一般靠马力转动辘轳来排除积水，但一个煤矿需要养几百匹马，这就使排水费用很高使得煤矿开采失去意义。发明家们对排水问题思考着解决的办法。英国的塞维里（Thomas Savery）最早发明了蒸汽泵排水。塞维里是一位对力学和数学很感兴趣的军事机械工程师，又当过船长，具有丰富的机械技术知识。1698 年，他发明了把动力装置和排水装置结合在一起的蒸汽泵，塞维里称之为"蒸汽机"。塞维里蒸汽泵的工作原理是利用密闭容器内蒸汽凝结形成的真空，用大气压力把低水位的水通过吸入管压入容器，然后再用蒸汽将容器中的水压向高处排出，这是一种没有活塞的蒸汽机，虽然燃料消耗很大，也不太经济，但它是人类历史上第一台实际应用的蒸汽机。这样，蒸汽动力技术基本完成了从实验科学到应用技术的转变①。

1705年，英国的纽可门（Thomas Newcomen）设计制成了一种更为实用的蒸汽机，如图2-7所示。纽可门生于英国达特马斯的一个工匠家庭，年青时在一家工厂当铁工。从1680年，纽可门和工匠考利合伙做采矿工具的生意，由于经常出入矿山，非常熟悉矿井的排水难题，同时发现塞维里蒸汽泵在技术上还很不完善，便决心对蒸汽机进行革新。为了研制更好的蒸汽机，纽可门曾向塞维里本人请教，并专程前往伦敦拜访著名物理学家胡克，掌握了一些必要的科学实验和科学理论知识。纽可门认为，塞维里蒸汽泵有两大缺点，一是热效率低，原因是由于蒸汽冷凝是通过向汽缸内注入冷水实现的，从而消耗了大量的热；二是不能称为动力机，基本上还是一个水泵，原因在于汽缸里没有活塞，无法将火力转变为机械力，从而不可能成为带动其他工作机的动力机。对此，纽可门进行了改进。针对热效率问题，纽可门没有把水直接在汽缸中加热汽化，而是把汽缸和锅炉分开，使蒸汽在锅炉中生成后，由管道送入汽缸。这样，一方面由于锅炉的容积大于汽缸容积，能输送更多的蒸汽，提高功率；另一方面由于锅炉和汽缸分开，发动机部分的制造就比较容易。针对火力的转换，纽可门吸收了巴本蒸汽泵的优点，引入了活塞装置，使蒸汽压力、大气压力和真空在相互作用下推动活塞做往复式的机械运动。这种机械运动传递出去，蒸汽泵就能成为蒸汽机。纽可门通过不断的探索，综合了前人的技术成就，吸收了塞维里蒸汽泵快速冷凝的优点和巴本蒸汽泵中活塞装置的长处，设计制成了气压式蒸汽机②。

显然，纽可门的大气压力活塞式蒸汽机发明制造的过程运用了系统学的思想，是一种典型的朴素系统工程思想。首先，纽可门在实践中了解到已有的蒸汽泵存在的缺点，这对所要进行的工作有了整体的认识；其次，纽可门为了设计出更好的蒸汽机，主动学习必备的理论知识，这对蒸汽机的设计起到至关重要的作用；最后，针对蒸汽泵效率低的问题，纽可门改

---

① http：//www.eywedu.com/keji/020.htm
② http：//www.eywedu.com/keji/020.htm

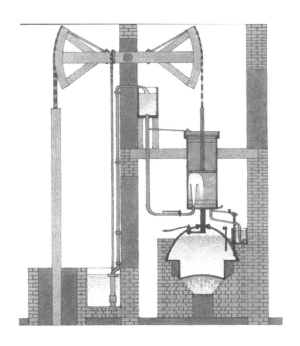

图 2-7　纽可门发明的蒸汽机

进了设计把汽缸和锅炉分开，提高功率。对于火力转换问题，纽可门吸收了巴本蒸汽泵的优点，引入了活塞装置，把蒸汽泵改造为蒸汽机。纽可门将活塞式蒸汽机制造的全过程看成了一项"系统工程"，将提高蒸汽机的热效率，引入活塞装置看成一连串的环节并与蒸汽机的制造有机地联系了起来，有效地协调好了工程中看上去是无法解决的矛盾，从而不但提高了蒸汽机的热效率，而且使实际意义上的蒸汽机用于工业生产成为可能。纽可门蒸汽机，实现了用蒸汽推动活塞做一上一下的直线运动，创造性地找到了提高蒸汽机效率的方法。

　　然而纽可门蒸汽机却存在耗能过多、效率太低的缺点，因而无法在工业生产中推广。瓦特（James Watt）对纽可门蒸汽机进行改进使得其效率提高了三倍，也使得瓦特蒸汽机（图2-8）在工业生产中被广泛使用，最终掀起了第一次工业革命的高潮。瓦特是怎样做的呢？

　　瓦特发现当蒸汽进入汽缸时，温度上升到100℃以上，然后为了得到局部真空，又喷水迅速使其冷却到20℃左右，这一冷一热，使很大一部

图 2-8　瓦特改进的蒸汽机

分蒸汽没有用在做功上，热效率很低。针对这一问题，瓦特发明了一种分离式的冷凝器，使冷凝发生在一个单独的容器里，这样温度能够按照所需要的程度得到降低，而汽缸的温度却不会改变，从而使蒸汽的能量充分用在做功上。瓦特通过改变蒸汽机的结构，使蒸汽机的功能大大提高，充分体现了系统工程的思想。

瓦特在改进了蒸汽机后，又发现了一个很棘手的问题，就是不变的供气量会使他的机器因为外界负荷的变化而产生转速的忽高忽低，外界负荷大了机器的转速就得下降，外界负荷小了机器的转速就得上升。要保持无论外界负载怎么变化，转速都恒定，就得不断地随着外界负载的变化而相应地改变供气量的大小，如果靠人工去控制气门显然非常紧张和吃力。于是瓦特就设计了一个调速器，外界负荷大时，机器的转速下降，离心力减小，由于重力的作用滑块下降，相应连接滑块的连杆就开大气门供气量，从而加大机器的输出功率，机器的转速提高；外界负荷小时，机器的转速上升，离心力增大，克服了滑块的自身重力，滑块向外张开，滑块上行相应减少供气量，从而使机器的转速下降。这样就基本上完成了无论外界的负荷怎么变化机器的转速都能保持基本稳定。

显然，这是一个非常杰出的方案。首先，针对纽可门蒸汽机效率低的缺点，瓦特通过改变蒸汽机的结构，发明了一种分离式的冷凝器，从而使蒸汽机的功能大大提高；其次，针对供气量不变的问题，瓦特设计出了调速器（图2-9），使得供气量随着负荷的变化而相应的变化，保持机器的转速基本稳定。从而解决了纽可门蒸汽机的两大缺点，使得瓦特蒸汽机在工业生产中广泛被使用。瓦特蒸汽机的发明充分运用了系统学的思想，是一种典型的朴素系统工程思想。瓦特蒸汽机这个跨时代的发明，用今天系统工程的观点看仍是值得称道的。瓦特改进蒸汽机的过程看成一个"系统工程"，首先从总体上把握蒸汽机存在的问题，然后针对具体问题，采用不同的方法解决，体现了系统的整体性的特点，系统整体性能的最优化是系统工程所追求并要达到的目的。由于整体性是系统工程最基本的特点，所以系统工程并不追求构成系统的个别系统最优，而是通过协调系统各部分的关系，使系统整体目标达到最优（吴华滨，2004）。

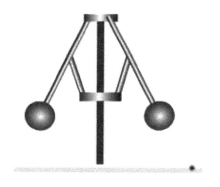

图 2-9　蒸汽机的调速器

这一看似简单的设计，开创了现代工业自动控制的先河，因为这个貌似简单的装置基本具备了控制论所依据的所有基本要素：目标、感应、分析、执行……，这是一个典型的负反馈全自动控制系统。

在哲学方面，黑格尔的哲学体系中更是蕴含着丰富的系统工程思想，有人甚至认为系统思想始于19世纪黑格尔的理论："世界是一个过程，为对立面的矛盾所控制。二者之间经历的矛盾会通过双方的综合而得到解决。综合本身就是一个新现象，是从平衡中由新的对立面再次带来的，由此而重新开始这一过程。"

黑格尔很喜欢援引亚里士多德的一句名言："把手从身体上割下来就不再是手了"（裴毅然，2004）。他认为："全体的概念必定包含部分。但如果按照全体的概念所包含的部分来理解全体，将全体分裂为许多部分，则全体就会停止其为全体。"对事物的认识，不能只看该事物的本身，必须先认清与该事物有关系的周围一切其他事物，才能对该事物具备真的认识。一粒石子丢在平静的湖水中，它所激起的浪圈，一圈比一圈大地向外扩展。这就是他的"认识论"。

在黑格尔的辩证法自然哲学和贝塔朗菲的系统论自然哲学中，可以清楚地看到亚里士多德的影响。黑格尔指出："亚里士多德的宝藏，许多世纪以来，差不多完全不被人所知悉。"进而指出："假使一个人要想从事哲学工作，那就再也没有什么比讲述亚里士多德这件事更值得去做了。"恩格斯同样认为："辩证法直到现在还只被亚里士多德和黑格尔这两个思想家比较精密地研究过。"罗素（Bertrand Russell）则指出，评价黑格尔全部哲学的一个基本问题是："整体比部分是不是更实在？是不是更有价值？黑格尔对这两个问题都作了肯定的回答。"值得一提的是，黑格尔处在一个"历史上伟大的有机时代"，他本人也被称为"进化论者哲学家"。黑格尔自然哲学的最大特点便是把"有机性"本体化，从而得出"自然界自在地是一个活生生的整体"。继黑格尔之后，贝塔朗菲把一般系统论叫做"新的自然哲学"。新就新在借助数学方法来研究古老的形而上学问题。用他自己的话来说："一般系统论对整体和整体性进行科学探索，而这在不久以前还是超出科学的各个边界的形而上学观念。"毫无疑问，就整体论的倾向而言，贝塔朗菲承袭了亚里士多德和黑格尔的观点（叶侨健，1995）。

显然，黑格尔的哲学体系鲜明地反映了系统工程思想中的辩证思维。辩证法中包含对立统一规律，该规律揭示了事物内部对立双方的统一和斗争是事物普遍联系的根本内容，是事物变化发展的源泉和动力。黑格尔认为：世界是一个过程，为对立面的矛盾所控制。二者之间经历的矛盾会通过双方的综合而得到解决。综合本身就是一个新现象，是从平衡中由新的对立面再次带来的，由此而重新开始这一过程。该理论是辩证地看待问题的体现，处处体现了用系统工程的思维解决问题。

黑格尔对整体和部分的认识也充分体现了系统工程的思想。他认为部分依赖整体，脱离整体的部分就失去它原有的性质和功能，整体和部分可以相互作用、相互渗透、互相转化。对事物的认识，不能只看该事物的本身，必须先认清与该事物有关系的周围一切其他事物，才能对该事物具备真的认识。整体和部分存在着相互依赖、相互影响的关系，整体处于统率的决定地位。这要求我们树立全局观念，从整体着眼，寻求最优目标。部分制约整体，甚至在一定条件下，关键部分的功能及其变化甚至会对整体的功能起决定作用。这要求我们搞好局部，使整体功能得到最大发挥，并使整个系统的总效果达到最优。系统工程并不追求构成系统的个别部分最优，而是通过协调系统各个部分的关系，使系统整体目标达到最优。

近代对世界、整体和部分的看法有了更深一步认识，但逐渐把世界看成是机械的、可以分解为若干独立的部分；还原论占了统治地位。当然后来这些学者们也形成了有机体的概念，以区别于机械观，同时认为宇宙系统是自组织演化的。牛顿、莱布尼茨、拉美特利（Julien Offroy De La Mettrie）、康德等均强调系统思维，进化论、细胞学说、能量转化和守恒定律、门捷列夫元素周期表等都渗透着系统观念。

2.3.2　古代后期中国系统工程思想

当西方进行科技革命，进入工业社会的时候，中国仍然是一个以农业为主的国家，在科技和生产力方面都远远落后于西方。但在这个时期，中国的系统工程思想却仍有所发展，在医药巨著《本草纲目》、世界第一部关于农业和手工业生产的综合性巨著《天工开物》、四大名著之一的《红楼梦》中都有所体现。

明朝伟大的医药学家李时珍（1518—1593 年）为修改古代医书中的错误而编《本草纲目》。按照"析族区类，振纲分目"的科学分类原则，《本草纲目》将药物分矿物药、植物药、动物药。又将矿物药细分为金部、玉部、石部、卤部四部。植物药一类，根据植物的性能、形态及其生长的环境，细分为草部、谷部、菜部、果部、木部 5 部；草部又分为山草、芳草、醒草、毒草、水草、蔓草、石草等小类。动物一类，按低级向高级进化的顺序排列为虫部、鳞部、介部、禽部、兽部、人部 6 部（刘芹，2008）。

李时珍把所有的药物看成一个大系统，对 16 世纪以前中医药学进行系统的梳理和总结，对药物进行科学的分类，使药物学系统由混乱走向条理化，系统比以前更加优化，体现了系统工程的优化思想。"析族区类，振纲分目"的科学分类体现了系统的层次性、相关性和整体性的特点。把动物药类按虫、鳞、介、禽、兽、人的次序分类叙述，体现了系统工程思想中的有序性。

《天工开物》是世界上第一部关于农业和手工业生产的综合性著作，也是系统工程思想应用的典范。明末科学家宋应星对中国古代的各项技术进行了系统总结，撰成《天工开物》，使各项技术构成了一个完整的科学技术体系。《天工开物》中的"天工"指自然力，"开物"是指人工开发万物，即为"人工"，"天工开物"的意思是人凭借自然界的工巧和法则开发万物，体现了"天人合一"的系统观。另外，《天工开物》中所记载的种种工艺技术，更体现了系统工程的思想，如书中介绍的瓶窑接缸窑，又称联窑法。把瓶窑、缸窑造在山坡上，几十个窑连接在一起，一窑比一窑高。这样依傍山势，既可避免积水，又可使火气逐级透上。最小件陶器件装最低窑，最大的缸瓮放最高窑。发火从最低窑开始，逐层往上烧。这样火气循级透上，从而达到大小陶件一齐烧成的目的。这种联窑法的好处是：使每一窑余热得以充分利用，既节约了燃料，同时使上面窑的温度大为提高，这种效果是单窑烧所不能达到的。联窑法将相互独立的个体联接成一个能产生更高效能的整体，充分发挥了系统工程整体结构的优势，使整个系统的效果达到最优（陈仲先，2008）。

《红楼梦》是中国古代四大名著之一，章回体长篇小说，成书于 1784 年（清乾隆四十九年），前 80 回曹雪芹著，后 40 回无名氏续，由程伟元、高鹗整理。《红楼梦》中涉及人物 721 人，另外述及的古代帝王 23 人，古人 115 人，后妃 18 人，列女 22 人，仙女 24 人，神佛 47 人，故事人物 13 人，共 262 人，连上二者合计，共收 983 人[①]。

《红楼梦》中有四大家族：贾、王、薛、史，这相当于四个家族系统，其中每个家族系统中又有子系统，如贾家分为宁国府和荣国府两个子系统，荣国府中又有贾赦、贾政两个更小的子家庭系统。并且各个系统之间还有千丝万缕的联系，如薛宝钗的母亲薛姨妈是贾宝玉的母亲王夫人的姐姐，这就牵扯到贾、王、薛三家，体现了系统之间的相关性。四大家族为了巩固彼此的地位，经常联姻，致使他们四大家族息息相关，一荣俱荣，一损俱损，体现了系统的整体性。

《红楼梦》中的人物如此之多（系统要素多），每个人都有着不同的性格，如林黛玉清高、敏感、细心、淡泊等，薛宝钗和善、敦厚、有城府等，并且人与人之间的关系错综复杂，如贾宝玉、林黛玉、薛宝钗三个人之间的感情，贾赦的老婆邢夫人和贾政的老婆王夫人之间的家庭权力争夺等，这些关系是如何产生的，以及又是如何演化的，也都是复杂系统工程思想的体现。

中国古代后期的系统工程思想不仅仅体现在以上方面，同时期的《农政全书》、《徐霞客游记》，以及颐和园、苏州园林的建筑等都渗透着系统工程的思想。

---

① http：//www.chinanews.com/zhonghuawenzhai/2004-02-17/news/63.htm

第3章
近代系统工程思想

19 世纪中叶，马克思、恩格斯总结一系列重大科学发现，创立了唯物辩证法，以一种全新的哲学形态终结了传统形而上学，开始以全面、联系和发展的观点看世界，哲学地阐明了系统工程思想的精髓。许多系统科学家也把马克思、恩格斯看作是系统科学的先驱者（叶立国，2012）。因此，笔者将 19 世纪中叶马克思、恩格斯创立唯物辩证法作为近代系统工程思想开始的标志。

3.1 近代西方系统工程思想

马克思唯物辩证法的创立，标志着西方系统工程思想进入近代时期，人们对系统工程思想的认识上了一个新的台阶，开始用全面、联系、发展的思想认识和研究问题，系统工程思想得到了进一步丰富和发展。尤其是到 19 世纪末，电力、石油等新能源的开发促进了工业的大发展，为系统工程思想的发展提供了更加广阔的空间，人们开始用数学模型和分析的方法去研究经济、社会、军事等各方面的系统问题，这也促进了现代系统工程思想的产生。因此，笔者也以 19 世纪末工业的大发展为界把近代西方系统工程思想的发展分为前后两个时期。

3.1.1　近代早期西方系统工程思想

马克思唯物辩证法的创立，掀起了西方研究系统思想的热潮，哲学家柏格森的"生命之流的永恒流动"（柏格森，1963）和怀特海的"整体-联系观"与"过程-生成观"（怀特海，2006）、生态学家坦斯利提出的生态系统无不凝聚着系统工程思想。

1. 马克思辩证唯物主义中的系统工程思想

在哲学方面，19世纪中叶马克思、恩格斯创建的唯物辩证法引导着人们以一种全面、联系和发展的眼光看问题。

"许多系统科学家把马克思、恩格斯看作是系统科学的先驱者"（颜泽贤等，2006）。在马克思看来，社会关系就是"一切关系同时存在而又相互依存的社会机体"（马克思恩格斯选集（第四卷），1972），恩格斯认为"整个自然界形成一个体系，即各种物体相互联系的总体"（恩格斯，1971），"从宏观到微观，从无机界到有机界，从自然界到人类社会，各种事物无不处在相互联系、相互作用之中"（颜泽贤等，2006），这说明马克思、恩格斯把世界看作一个普遍联系的整体，另外，恩格斯还认为"整个自然界被证明是在永恒的流动和循环中运动着"（恩格斯，1971），"世界不是一成不变的事物的集合体而是过程的集合体"（马克思恩格斯选集（第四卷），1972），这说明世界又是一个永恒发展的体系。

系统科学界的学者给予马克思、恩格斯的思想以高度评价。系统科学的奠基者贝塔朗菲认为"虽然起源有所不同，普通系统论的原理和辩证唯物主义理论的类同，是显而易见的"（杜任之，1980）。他把由马克思、恩格斯开创的辩证唯物主义哲学总结为四个方面："第一，自然界不是许多分离单位的聚集，而是一个有机的整体，这个整体内各个组成部分是紧密相关和相互作用的。第二，自然界不是处于静止的和不变的状态，而是处于持续不断的运动和进化的状态中。第三，在进化过程中，受自然规律的支配，在从某一组织层次到更高组织层次的转折点上出现了跳跃，量的变化变为质的差别。第四，内在矛盾是自然现象本身辩证地固有的，所以，进化过程是以对立倾向的斗争的形式发生的"（贝塔朗菲，1999）。以上四个方面充分体现了系统工程的思想。

另外，美国系统学家、哲学家拉兹洛（Ervin Laszlo）（1991）指出："在西方思想界，在过去 200 年里，'人文科学'同'自然科学'一直是割裂的"。"在马克思的思想里没有产生两种文化的割裂；马克思和恩格斯预见到从自然到社会的连续辩证推进的过程"。美国的系统论研究者麦奎里和安贝吉（1979）也认为"马克思确实可以看作是一位早期的系统论者。他的理论工作的主要部分都可以看作是富有成果的现代系统方法研究的先声"。波兰学者希通卡进一步指出，"可以把马克思称为社会科学中现代系统方法的始祖"（叶立国，2012），可见，马克思、恩格斯完善的辩证法思想含有丰富的系统工程思想，为现代系统科学理论的创立提供了重要的思想来源。

2. 柏格森生命哲学中的系统工程思想

法国哲学家柏格森创建了生命哲学，他的生命哲学贯通了所有哲学的门类界限，因此将它划归为任何一类哲学门类都不合适，这种思维方式和系统科学很相似，系统科学就是打破了所有经典学科的界限，系统科学不属于任何一类经典学科，但它贯穿于所有学科。

生命哲学家往往是站在生机论的立场上批判机械论，企图为科学提供新的理论基础，改变科学的发展方向（赵敦华，2001）。机械论以一种静止、孤立、片面的观点来看待这个世界，而生命哲学的观点认为宇宙中的一切都处在流动、变化、生成和创造之中，没有静止不动和固定不变的东西。生命哲学揭示的是一个演化的、不可逆的世界，普里戈金说"从存在到演化"，科学正在从存在的经典科学向演化的系统科学方向发展。

传统的"牛顿时间"揭示的是可逆的、决定论的、确定性的世界，而"柏格森时间"揭示的是不可逆的、非决定论的、不确定性的世界。在柏格森时间里，"时间不是反演对称的，生不是死的反演，过去不是今天的反演"（李曙华，2002）。维纳（1963）的控制论就是从比较"牛顿时间"和"柏格森时间"开始的。

柏格森的生命哲学是以"生成"为中心点的世界观，"创造进化论"是"生成"思想的核心体现（李曙华，2002）。柏格森（1963）认为"没有已经造成的事物，只有正在创造的事物；没有自我保持的状态，只有正在变化的状态"。这种生成的思想为后来系统科学"涌现"问题的研究提供了重要的思想源泉，同时，系统科学某种程度上就可以被称之为"生成科学"（李曙华，2002）。

柏格森在阐述生命冲动时举例子说："生命像一个炮弹，它炸成碎片，每个碎片又是一个炮弹"（邹铁军，2000），这个例子体现了大系统中包含小系统的思想。此外，他还把世界理解为一个永远处于流变之中的整体，事物是相互联系的，每一事物都与其他事物紧密相关，该思想处于系统科学哲学思想的核心地带。

3. 怀特海机体哲学中的系统工程思想

英国数学家、哲学家怀特海（Alfred North Whitehead）认为："科学知识在其历史上已经达到了这样一个关节点，它亟须一种新的观念模式来更充分地反映科学的新发展。因为科学思想总是依赖于某些观念模式，所以，哲学的重要性就在于使这些模式明晰起来，以便对之进行批判和改善。"他从哲学上肯定了旧的经典科学观念模式的不足以及对新的观念模式的需求，而系统工程便是一种新的有别于旧的经典科学的观念模式（斯通普夫和菲泽，2009）。

怀特海（2006）的机体哲学认为构成世界的终极实在事物是"现实实有"，"一个现实实有的集合，它们以各自的摄入构成了相互关联的统一体。或者——从反面来表述同一物——是由它们在相互中的客体化所构成的统一体"。可见，事物是由相互联系的现实实有所构成的整体。进一步，怀特海非常强调事物之间的联系性，"联系性是所有事物的本质"。"除非我们把物质世界和生命融合在一起，并把它们看作是真正的实在事物的本质组成部分，而这些实在事物之间的联系与它们的个性又构成了宇宙，否则，我们就既不能理解物质世界也不能理解生命"（斯通普夫和菲泽，2009）。怀特海的机体哲学思想在系统科学形成过程中发挥了重要作用。贝塔朗菲在解决 19、20 世纪之交的机械论与活力论的争论过程中提出的"机体论"就是深受怀特海"机体哲学"思想的影响（魏宏森，1982）。

怀特海（2006）认为"现实世界是一个过程，该过程就是诸现实实有生成的过程"。他把实在设想为现实实有不断生成的连续过程——在这个过程里，现实有生成为什么，要看它是如何生成的。在怀特海的过程哲学中，他把创造性看作自然过程的根本特征，"现实实有便是创造物"（怀特海，2006）。"创造性把繁多的事物纳入复合的统一体中，这个统一体构成了联成一体的宇宙。创造性过程把现实实有汇集成集合体或联合体，这一生成过程是通过把握得以实现的"（斯通普夫和菲泽，2009）。此外，怀特海还认为"哲学的任务就是对永恒和变化进行调和，就是把事物想象为过程，就是去证明演化组成实体，组成一个个诞生着和死亡着的本体……"（普里戈金和斯唐热，2005）。"永恒和变化"便是"存在和演化"，怀特海的存在与演化思想促成了普里戈金"从存在到演化"、"从混沌到有序"的研究，提出了世界演化的不可逆性"（李曙华，2002）。可见，怀特海的过程哲学中体现了系统工程思想中的演化、整体和联系的思想。

4. 坦斯利等生态系统理念中的系统工程思想

在生态学方面，1866 年，德国的生态学家赫克尔欧德姆（E. Haeckel）在《自然创造史》一书中最先提出"生态学（ecology）"一词，定义生态学是"研究生态系统结构与功能的科学"，他提倡把生物和环境看作一个整体来研究，研究一定区域内生物的种类、数量、生物量、生活史和空间分布；环境因素对生物的作用及生物对环境的反作用；生态系统中能量流动和物质循环的规律等（赫克尔，2008）。可见，欧德姆把生物及其环境看作是一个相互联系的不可分割的统一的整体，体现了系统工程中的环境思想。

1935 年，英国生态学家坦斯利明确提出生态系统的概念。他对植物群落学进行了深入的研究，发现土壤、气候和动物对植物的分布与丰度有明显的影响，于是提出了一个概念，即居住在同一地区的动植物与其环境是一个整体。他指出："更基本的概念……是整个系统（具有物理学的系统概念），它不仅包括生物复合体，而且还包括了人们称为环境的各种自然因素的复合体……我们不能把生物与其特定的自然环境分开，生物与环境形成一个自然系统。正是这种系统构成了地球表面上大小和类型各不相同的基本单位，这就是生态系统"（包庆德，2002）。坦斯利把生物与其有机和无机环境定义为生态系统，强调生物和环境是不可分割的整体；强调了生态系统内生物成分和非生物成分在功能上的协同，把生物成分和非生物组分视为一个统一的自然实体，这些观点体现了系统工程思想中的整体观及协同的思想。

美国生态学家林德曼（R. L. Lindeman）在20世纪30年代末对塞达波格湖开展了研究工作，取得大量数据，对生态系统的研究做出了开创性的贡献。他在对湖泊生态系统进行深入研究的基础上，揭示了营养物质移动规律，创造了营养动态模型，成为生态系统能量动态研究的奠基者。他以科学的数据，论证了能量沿着食物链转移的顺序，提出了著名的"百分之十定律"，即在每一个生态系统中，从绿色植物开始，能量沿着捕食食物链或营养转移流动时，每经过一个环节或营养级数量都要大大减少，最后只有少部分能量留存下来用于生长，形成动物的组织。① 林德曼在研究淡水湖泊生态系统的能量流动时发现，在次级生产过程中，后一营养级所获得的能量大约只有前一营养级能量的10%，大约90%的能量损失掉了，这标志着生态学从定性走向定量的阶段。这些研究体现了系统工程中的定量研究以及建模的思想。

3.1.2 近代后期西方系统工程思想

19世纪末20世纪初，工业高速发展，生产设备日趋复杂，物质生产

---

① 杨京举．刍议生态效率、林德曼效率与能量的传递效率．http://www.pep.com.cn/gzsw/jshzhx/jxyj/kchjc/201110/t20111009_1072512.htm

日益丰富，企业竞争开始出现，人们更加重视运用系统思想来研究工程、经济、生物、军事和社会等方面的问题，排队论等运筹学理论开始产生，"泰罗制"等现代管理科学开始形成，投入产出等经济系统建模开始实践，为现代系统工程思想的产生和发展奠定了理论基础。

1. 泰罗科学管理体系中的系统工程思想

在管理学方面，管理学家泰罗在 20 世纪初创建了科学管理理论体系，他这套体系被人称为"泰罗制"。泰罗认为企业管理的根本目的在于提高劳动生产率，他在《科学管理》一书中说过："科学管理如同节省劳动的机器一样，其目的在于提高每一单位劳动的产量"（谢开勇，2007）。而提高劳动生产率的目的是为了增加企业的利润或实现利润最大化的目标。可见，科学管理的目的——提高劳动生产率，实现利润最大化，正是系统工程思想中的最优化原则。

泰罗科学管理体系强调科学管理操作方法和最适合的劳动工具，优化生产中的每一个环节，最后对工人的操作方法，使用的工具、劳动和休息时间的搭配，以至机器的安排和作业环境的布置等进行全面的分析，把各种最好的因素结合起来，形成一种标准的作业条件（郭应和，2004）。这充分体现了系统工程中先分解再综合集成的思想。

技术革命带来的机器大工业的一个重要特征就是分工更为细密。与分工相对应，必须有协作的发展，才能最终完成生产过程（郭应和，2004），因此泰罗在科学管理中提出了标准化管理的概念，对材料、产品等都规定了统一的标准，大大方便了不同生产部门之间的配合，这便是系统工程中的协同思想。

1895 年泰罗提出了刺激性工资制度。这一制度包含两点内容：采用"差别计件制"的刺激性付酬制度。这种付酬制度按照工人是否完成其定额而采取不同的工资率。如果工人达到或超过了定额，就按高工资率付酬，而且，不仅是超额部分按高工资率付酬，定额部分也按高工资率付酬（李茂荣，2006）。于是，工人的生产动力很足——为了获得更多的利益，生产积极性大大提高。

泰罗的科学管理思想，着重于对生产的各个环节进行研究和改进，使每个环节都科学化、最优化，最后对把各个环节放在一起统一协调，以求整个生产系统的最优化。在科学管理中包含着丰富的系统工程思想，比如最优化的思想、综合集成的思想、协同的思想及动力思想等，所以人们把科学管理认为是系统工程的萌芽。

2. 排队论中系统工程思想

1910 年，丹麦数学家 A. K. 埃尔朗（A. K. Erlang）在解决自动电话设计问题时，受热力学统计平衡理论的启发建立了电话统计平衡模型，并由此得到一组递推状态方程，从而导出了著名的埃尔朗电话损失率公式。自 20 世纪初以来，电话系统的设计一直运用这个公式。这也就是排队论的基本思想。

排队论蕴含了丰富的系统工程思想，是研究系统的排队现象而使顾客获得最佳流通的一种科学方法，广泛应用于计算机网络、生产、运输、库存等各项资源共享的随机服务系统。排队论通过对服务对象到来及服务时间的统计研究，得出等待时间、排队长度、忙期长短等数量指标的统计规律，然后根据这些规律改进服务系统的结构或重新组织被服务对象，使得服务系统既能满足服务对象的需要，又能使机构的费用最经济或某些指标最优，是数学运筹学的分支学科，也是研究服务系统中排队现象随机规律的学科。排队论研究的内容有三个方面：统计推断，根据资料建立模型；系统的性态，即和排队有关的数量指标的概率规律性；系统的优化问题。其目的是正确设计和有效运行各个服务系统，使之发挥最佳效益。①

后来，美国电话电报公司成立贝尔电话实验室，贝尔电话实验室发展了埃尔朗的电话系统模型，创造了一套电话系统分级复联的科学方法，用以求出最佳通话服务方式。20 世纪 30 年代，苏联数学家 А. Я. 辛钦（Aleksandr Yakovlevich Khinchin）把处于统计平衡的电话呼叫流称为最简单流。瑞典数学家巴尔姆引入有限后效流等概念和定义。他们对电话呼叫过程进行深入的数学分析，提出呼叫过程的普遍性、平稳性、有限性和无

---

① http：//baike. baidu. com/link？url＝Vm4czNxAtIlNat5h0807XZKMRoK9OjHUUWElVLU4J2Tk2gYB_ 7MgYlUlUe1KXIsj

后效性四个特征。这都为后来排队论的发展提供了重要理论支撑，使其成为解决系统工程问题的一种重要方法。

3. 投入产出法中的系统工程思想

1936 年，美国经济学家瓦西里·列昂惕夫发表了关于投入产出的第一篇论文《美国经济制度中投入产出的数量关系》，提出了投入产出法的基本思想。列昂惕夫把瓦尔拉供求模型的平衡方程应用到集中计划经济中，提出了投入产出模型。投入产出模型是经济系统建模的早期探索，通过构建反映经济内容的线性代数方程组，综合分析和确定国民经济各部门之间错综复杂的联系，分析重要的宏观经济比例关系及产业结构等基本问题。

投入产出法蕴含了丰富的系统工程思想，它把国民经济看作一个有机整体，综合研究各个具体部门之间的数量关系（技术经济联系），又称为部门联系平衡法，整体性是其最重要的特点。投入产出法能够清晰地揭示国民经济各部门、产业结构之间的内在联系。特别是能够反映国民经济中各部门、各产业之间在生产过程中的直接与间接联系，以及各部门、各产业生产与分配使用、生产与消耗之间的平衡（均衡）关系。投入产出法既可以应用于某一地区，也可以应用于国民经济某一部门，或某一企业类似问题的分析，反映某一地区内部之间的内在联系，或反映某一部门各类产品之间的内在联系，或反映某一企业内部各工序之间的内在联系。①

投入产出法今天仍然是解决经济系统工程中经济分析和经济预测的重要工具，实现对宏观经济系统的定量分析和最优控制，在分析和解决经济系统的许多问题中发挥着重要作用。

3.2　近代中国系统工程思想

19 世纪的中国，经历了鸦片战争，开始沦为半殖民地半封建社会，

---

① http://baike.baidu.com/link?url=yqssV7H−db9NBQI1xNhv0oO2wCppgQcM8rArtvB8LA−jK6ejqGXLsRV ZOCn5l4fr

之后很长一段时间内一直处于不稳定状态。中华儿女在追求民族独立和民族解放的过程中，也在追求着思想进步，尤其是俄国十月革命给中国送来了马克思主义。特别是五四运动后，马克思主义开始在中国广泛传播，同时系统工程思想发展也进入了一个新的时期，因此笔者把此作为近代早期中国系统工程思想和近代晚期中国系统工程思想的一个分界线。

3.2.1　近代早期中国系统工程思想

晚清的中国，政治腐败，科技落后，阶级矛盾激化，帝国主义趁机入侵中国，外忧内患，国家动荡不安，中国人民开展了大量反帝反封建运动，试图求得民族独立和国家解放。在这个过程中系统工程思想也得到了体现和发展，如鸦片战争、义和团运动、戊戌变法等无不凝聚了系统工程思想。

1. 鸦片战争中的系统工程思想

18 世纪 70 年代，英国开始把鸦片大量输入中国。到了 19 世纪，鸦片输入额逐年增多。英国资产阶级为了抵消英中贸易方面的入超现象，大力发展毒害中国人民的鸦片贸易，以达到开辟中国市场的目的。19 世纪初输入中国的鸦片为 4000 多箱，到 1839 年就猛增到 40 000 多箱，英国资产阶级从这项可耻的贸易中大发横财。由于鸦片输入猛增，导致中国白银大量外流，并使吸食鸦片的人在精神上和生理上受到了极大的摧残。如不采取制止措施，将要造成国家财源枯竭和军队瓦解，于是，清政府决定严禁鸦片入口。1839 年 3 月，清朝钦差大臣林则徐到达广州，通知外国商人在三天内将所存鸦片烟土全部缴出，听候处理，并宣布："若鸦片一日未绝，本大臣一日不回，誓与此事相始终，断无中止之理。"林则徐克服了英国驻华商务监督义律和不法烟商的阻挠、破坏，共缴获各国（主要是英国）商人烟土 237 万多斤①，从 6 月 3 日至 25 日，在虎门海滩当众销

---

①　1 斤＝0.5 千克

毁。面对清政府的禁烟措施，英国资产阶级特别是其中的鸦片利益集团，立即掀起一片侵华战争叫嚣。对急于打开中国大门的英国来说，这无疑是一个很好的借口，英国政府很快作出向中国出兵的决定。1839 年 9 月 4 日，中英在九龙发生冲突，英军首先开炮，英方 5 艘非正规舰只参战；清军出动 3 艘战船，有岸炮支援。战斗持续 4 个小时，双方损失轻微。1839 年 11 月 3 日，中英穿鼻之战，关天培率领的水师被击退，英军无人员伤亡。1840 年 6 月 22 日，英军部分主力准备完毕，按计划开始以主力北上舟山，只留少数舰船在虎门执行封锁。1840 年 6 月 28 日，英国侵华军后续部队到达广州海面，至此第一批侵华英军到齐，共计海军战舰 16 艘，东印度公司武装轮船 4 艘，地面部队 4000 人，海陆合计 7000 人左右。1840 年 6 月 30 日，第一批英军到达舟山。1840 年 7 月 2 日，英军后续舰队 9 艘（其中战舰 3 艘）途径厦门，英远征军司令命一艘战舰向厦门官员递交《致中国宰相书（副本）》，该舰驶入厦门南水道下锚。1840 年 7 月 3 日，驶入厦门南水道的英舰派翻译驾小艇登岸送信，被清军武力阻止，英战舰则向岸上开炮，引发了一场小规模炮战。1840 年 7 月 5 日，舟山海面英军开始进攻定海，战至黄昏，英军停止进攻。1840 年 7 月 6 日晨，英军攻入定海。定海知县投水自尽，总兵张朝发已于昨日战死。是役，清军参战仅 1540 人，伤、亡各仅 13 人。定海水师在九分钟内覆没，英军所有舰船仅中弹三发，无人员伤亡。1840 年 7 月 20 日，定海失守的消息到达北京。1840 年 8 月 11 日，英军抵达天津，并沿途留兵封锁中国沿海。直隶总督琦善与英军司令咨会，随后将《致中国宰相书》进呈道光帝。1840 年 8 月 19 日，道光帝收到公文。道光帝本无战心，又由于严重的误译，道光以为英军此来是为了 "申焚烧鸦片之冤"，所以道光帝允许为之申冤，"以折服其心"（所以罢免了林则徐，但英方并无此要求）；拒绝赔偿鸦片损失；拒绝割让岛屿。并令其："反棹南还，听候办理"。英军当然不肯答应，双方继续交涉。但由于翻译和文化差异等诸多问题，双方无实质进展。1840 年 9 月 15 日，英军感到在北京地区作战并无把握，季风也将结束，同意返航，要求到广东继续谈判。1840 年 9 月 28 日，英舰队回到舟山，得知先前留在定海的英军疫病严重（至年底此处共计病死 448

人）。1840 年 10 月 3 日，道光派琦善南下广东，"怀抚"英夷。1840 年 11 月 25 日，在舟山和浙江官员谈判了一些日子后，不懂中国官场"潜规则"的懿律被当猴耍而不自知，发布了浙江停战的命令，率英军南下广东（不久以后英军就放弃定海）。1840 年 11 月 29 日，琦善到达广州，中英广州谈判开始。但由于双方开价差距悬殊，一开始就进入了扯皮阶段。1840 年 12 月 25 日，道光帝收到琦善的第一期奏折，得知英方的要求如此过分（和南京条约的内容相似），下令备战。1840 年 12 月 30 日，道光帝收到琦善第二期奏折，认为谈判已无希望，下令琦善"勿得示弱"，同时命令川、湘、黔三省向广东派援军。1841 年 1 月 6 日，道光帝收到琦善第三期奏折，下严令："逆夷要求过身……非情理可谕，即当大军挞伐……逆夷再或投字帖，亦不准收受"，同时重新启用被革职的林则徐等。在谈判期间，琦善不断从广东各地调兵至虎门，虎门兵力达到 11 000 人。虎门也成为中国在鸦片战争中火力最强大的炮台。1841 年 1 月 7 日，英军发动进攻，虎门战役开始。英军攻占大角、沙角炮台，并击败清军水师。比起先前的表现，守军作战也很勇敢，共计战死 282 人，受伤 462 人，沉没战船 11 艘，直至炮台被打塌后才开始后退，英军仅受伤 38 人。1841 年 1 月 8 日，琦善要求重开谈判，英军同意，暂时停战。此后一直在谈判。1841 年 1 月 26 日，英军强占香港，并要求割让（香港仍有清军）。1841 年 1 月 30 日，道光帝得知虎门战事，革除琦善职，授奕山为靖逆将军，南下统兵。大概也是这一时期，道光帝派"强硬派"的裕谦和颜伯焘分别负责两江和闽浙，两人到任后立即开始尽最大力度整军备战。1841 年 2 月 24 日，本来就毫无希望的谈判已经破裂，英军开始向虎门核心阵地布置进攻。26 日清晨，英军正式发起进攻，到当天下午 5 时，英军击败全部 8500 名守军，关天培壮烈牺牲。由于主要在射程外炮击，英军损失轻微。1841 年 3 月 18 日，英军攻入广州西南的英国商馆，后来撤离。由于前两败，此战中国守军士气低落，未战先溃，英军损失轻微。新任参赞大臣杨芳在奏章里对失败绝口不提，反而说已屡败英军，唯恐其逃窜。1841 年 4 月 14 日，奕山到达广州，耗时达 57 天，被俄国武官当成笑料。1841 年 5 月初，各地援军相继抵粤，道光帝也反复下令"分路兜剿，务使该夷片帆不留", 如果英军"闻风远遁", 惟将军是问。21 日, 奕山下令对英军舰船火攻, 英军略受损失。24 日, 英军进攻广州, 至 25 日, 已经攻占广州城外主要制高点和炮台。此役英军战死 9 人, 受伤 68 人。27 日, 清军向围城的英军要求谈判, 于是又暂时停战, 并且交纳赔款。从 6 月 1 日起, 英军全部撤回香港。在此期间, 奕山的奏折对失败只字未提, 反而是打了大胜仗, 并说英军举白旗乞和。道光得知大喜, 允许其求和, 同时命令沿海撤防。正好老天有眼, 此时英军中瘟疫横行, 英舰队又突遭台风袭击, 损失惨重, 因此老天无意中帮奕山圆了谎。1841 年 5 月 30 日, 三元里民众与英军交战, 其采用战术之成功足以使任何清军将领汗颜。但英军最终还是突围, 英军战死 5 人, 受伤 23 人, 另有一名少校疲劳过度而死。31 日, 民众包围英军占领的四方炮台。时值停战期间, 清方派主战的官吏余保纯将民众劝归。1841 年 5 月 31 日, 英国外相认为义律对中国过于保守, 改派璞鼎查接替中国事务。1841 年 8 月 10 日, 璞鼎查到任。从伦敦到澳门, 只用了 67 天, 其中还有 10 天在孟买处理公务, 所以路上只用了 57 天。1841 年 8 月 22 日, 英军主力北上厦门, 奕山隐瞒不报。幸亏奕山的谎言早被厦门的颜伯焘识破, 故颜伯焘一直抗旨不撤防, 并且在厦门投巨资建立了中国沿海最坚固的防线——厦门石壁。炮台的火力也相当强大, 有火炮四百余门, 守军 5680 人 (仅次于虎门, 但远远比虎门炮台坚固)。1841 年 8 月 26 日, 英军围攻厦门。英军战术无非是正面佯攻, 侧面迂回, 轻松绕开石壁。如此简单的战术, 英军已用过多次, 但是由于瞒报严重, 颜伯焘和道光帝并不知情。守军一开始抵抗也较为激烈, 但是腹背受敌, 且炮台失去作用, 很快不支。到了黄昏, 清军外围阵地已全部失守, 英军也停止进攻。1841 年 8 月 27 日, 英军攻打厦门城。守军已于夜里逃散, 厦门失守。此役, 清军阵亡总兵 1 名, 副将以下军官 7 名, 士兵减员 324 名。英军战死 1 人, 受伤 16 人。战后英军对石壁炮台的防御力评价相当高。战后道光帝首次得知: 此次来华的英军中还有陆军。1841 年 9 月 5 日, 主力英军 (海陆军共计 4000 人) 北上浙江。此时浙江由头号主战派裕谦主持, 浙东防务与战前相比也已得到全面加强, 降职的林则徐曾一度在镇海协助组织防务, 经历了几次战斗的林则徐认识到定海必然守不住，应该主动放弃，这个建议当然不可能被采纳。1841 年 9 月 25 日，英军本来打算攻击镇海的主力海陆军四千余人受到风力影响，集结于镇、定之间的海面。随后的几天，定海清军与英军屡有交火，均损失轻微。1841 年 10 月 1 日晨，英军向定海发动总攻，至下午 2 时，五千多守军全部被击败，定海三总兵牺牲。英军战死 2 人，伤 27 人。1841 年 10 月 10 日，英军向镇海发起攻击，几小时后，外围阵地纷纷失守。此时战斗虽未结束，正在镇海东城墙指挥的两江总督裕谦已经知道希望全无，遂跳水自尽。1841 年 10 月 13 日，英军逼近宁波，负责此处的太子太保余步云弃城逃跑，宁波失守。1841 年 10 月 30 日，奕经受封为扬威将军，调集八省援军入援浙江。1842 年 3 月 10 日凌晨，经过 4 个多月的准备之后，鸦片战争中唯一一次收复失地的反攻在奕经的指挥下打响，4 小时后，规模庞大的反攻宣告失败。1842 年 3 月 21 日，浙江巡抚刘韵珂上"十可虑"折，虽未明说，但暗示战争已毫无希望，且充满危险。1842 年 5 月 7 日，英军撤离宁波，集结兵力准备沿长江向内地进攻。1842 年 5 月 18 日，英军 2000 人攻破乍浦，此役清军抵抗激烈，战败自杀者甚众。英军阵亡 9 救人（其中一名中校），受伤 55 人。1842 年 6 月 16 日凌晨，乍浦的英军全部出动攻击吴淞。吴淞是江苏海防重点，新任两江总督牛鉴亲自坐镇于此。但战斗至中午 12 点，清军全部逃散。清军阵亡江南水路提督陈化成以下 88 人，英军被击毙两人，受伤 25 人。同日，英军第二期增援部队到达吴淞口，在华英军总兵力达到 20 000 人。与清军相比，不论在数量上还是质量上，这都算是一支空前强大的军队。1842 年 6 月 19 日，英军占领上海。1842 年 7 月 5 日，英军战舰 12 艘，轮船 10 艘，运输船 51 艘，士兵 7000 人组成舰队从上海出发，直扑镇江。1842 年 7 月 13 日，清军开始增援镇江。1842 年 7 月 21 日，英军开始攻城。此时镇江城内驻军仅有 1600 人，城外 2700 人，火炮很少。而英军仅参加攻城的兵力就达 6905 人，英军占绝对优势。战斗开始后，英海军组织火力猛轰城外清军，城外清军缺少掩护也没有任何反击手段，很快便溃散。与此同时，登陆的英陆军开始攻城，由于缺少火炮掩护，英军只能用云梯攻城，被守城清军痛击。随后英军组织火力轰击城墙，可是城内驻军有 1185 人是驻防在此的京口八旗。他们安家此地已经 200 多年，所以仍然节节阻击。同时英海军组织小船沿水路攻击镇江西门，遭到城墙上清军火炮的有效轰击，狼狈退出。最后，占尽火力优势的英军从北、西、南三个方向突入城内，守军一直坚持巷战到深夜，城内清军的伤亡率达 30%。镇江的火力兵力远远不及虎门，城墙坚固远远不及厦门，战前动员远远不及定海，准备周密远远不及浙东，但是此役英军有 39 人毙命，130 人受伤，3 人失踪，多于上述四战役所毙伤敌军的总和。1842 年 8 月 2 日，英军离开镇江，准备进攻南京。在此之前，清方决定求和。1842 年 8 月 31 日，道光帝正式下旨同意签订条约。可是 29 日，摸透道光心思的前方大臣已经签署了《中英南京条约》。1842 年 9 月 1 日，清朝负责谈判的官员向璞鼎查发出照会，对南京条约提出了十二项交涉内容。这十二项自讨苦吃的内容为中国今后的苦难留下了隐患，也为下一次战争埋下了祸根。1842 年 9 月 7 日，道光帝正式同意签约的谕旨到达南京，第一次鸦片战争早已结束。①

综观第一次鸦片战争的整个过程，清政府的失败与清朝社会制度的腐朽和经济、科技的落后有着非常重要的关系，然而还有一个非常重要的原因就是清政府在整个战争决策中缺乏系统工程思想，缺少总体布局和顶层设计，上层指挥简单低效，各级官员欺上瞒下，各级决策者错误频出，导致不知己不知彼，对战局应变低效。而反观英国方面却采取总体布局，对周边多个海岸进行了封锁，从多点发起进攻，选择最有利的点突破。所以从一定程度上也可以说，清政府在鸦片战争的失败也可以归结于缺乏系统工程思想，这才使得英国方面的优势得以显示和发挥。

2. 义和团运动中的系统工程思想

清朝末期，西方列强对华渗透侵略日益加重，对清廷控制日益加深。为反对帝国主义侵略，在中国北方，以华北农民和部分清军为主体，以"扶清灭洋"为口号，开展了针对在华西方及华人基督徒的保国保种运动，被称为"义和团运动"。

---

① http：//www. baike. com/wiki/% E9% B8% A6% E7% 89% 87% E6% 88% 98% E4% BA% 89

虽然由于农民阶级的局限性，没有先进阶级的领导，最终义和团运动在中外势力的联合绞杀下失败，但义和团运动也渗透着系统工程思想。如义和团成分极为复杂，既有贫苦农民、手工业者、城市贫民、小商贩和运输工人等下层人民，也有部分官军、富绅甚至王公贵族，后期也混杂进了不少流氓无赖，可谓"上自王公卿相，下至娼优隶卒，几乎无人不团"，就体现了系统的思想。义和团的组织结构也蕴含了系统工程思想，义和团组织大致分为：①坛，是义和团的基层单位，又称坛口，也有"厂"、"炉"、"团"、"公所"等称呼，首领一般称大师兄；②总坛，设天津"坎"字总坛，为坛的上一级单位；③门或团，为总坛的上一级单位，按照八卦方位分为八门（团），如"乾字门（团）"、"巽字门（团）"等。这种组织机构体现了系统工程结构中的"层次"系统工程思想。另外，义和团妇女组织分为"红灯照"、"蓝灯照"、"黑灯照"、"花灯照"等。义和团内部还分为"官团"，"私团"与"假团"等都体现了系统工程思想。[①]

3. 戊戌变法中的系统工程思想

鸦片战争战败后，中国跟世界的关系出现前所未有的改变。接连的外忧内患，使清政府及一众知识分子逐渐觉醒到必须要改变以自强。咸丰、同治年间开始，清政府进行洋务运动，希望能够"师夷长技以自强"，改良生产技术。各地先后引入外国新科技，开设矿业、工厂，建设铁路，架设电报网，培训人才；在军事上亦建立了远东最具规模的北洋水师。1984～1985年发生甲午战争，清政府被日本打败，北洋水师全军覆没。证明只靠经济上洋务运动未能根本改变中国的落后，于是出现了要从基本层面上，包括政治体制上，进行变法维新的声音。

1898年，以康有为为首的改良主义者进行了一场称为"戊戌变法"的资产阶级政治改革，试图通过学习西方文化、科学技术和经营管理制度，发展资本主义，把中国变成君主立宪的资本主义国家，使国家富强。

---

① http://baike.baidu.com/link? url = kgcvAJ69GlV8ZW5YTnZT4JAqU4Z7hgGVJ9kbaNA3vQDJn lJ0kfOwmW0iu 4p_ 5Gao

期间，光绪皇帝根据康有为等的建议，颁布了一系列变法诏书和谕令。主要有：经济上，设立农工商局、路矿总局，提倡开办实业；修筑铁路，开采矿藏；组织商会；改革财政，取消旗人由国家供养特权，令其自谋生计。政治上，广开言路，允许士民上书言事；改订律例；裁撤冗员；澄清吏治；裁汰绿营，编练新军；添置船舰；扩建海军。文化上，废八股，兴西学；设立中小学堂；创办京师大学堂；设译书局，翻译外国书籍；允许设立报馆、学会；派留学生；奖励科学著作和发明。①

虽然戊戌变法最终被慈禧等顽固势力镇压，但其提出的新政措施却体现了政治、经济、文化等多位一体的系统布局思想。

3.2.2　近代后期中国系统工程思想

十月革命的胜利建立了世界第一个无产阶级领导的社会主义国家，开辟了人类探索社会主义的新时代，使马克思主义传遍世界。中国一些先进的知识分子立即开始学习、宣传和研究十月革命和马克思列宁主义，探索改变中国社会现状的道路，系统工程思想也得以发展，如孙中山的《建国方略》、毛泽东思想等都是系统工程思想运用的典范。

3.2.2.1　孙中山《建国方略》中的系统工程思想

《建国方略》是孙中山于 1917～1920 年所著的三本书——《孙文学说》、《实业计划》、《民权初步》的合称。系统地抒发自己的建国宏愿和构想。《孙文学说》后编为《建国方略之一：心理建设》。《实业计划》是孙中山为建设一个完整的资产阶级共和国而勾画的蓝图，后编为《建国方略之二：物质建设》。《民权初步》是一本关于民主政治建设的论著，后编为《建国方略之三：社会建设》。

---

① http：//baike. baidu. com/link？ url = psVelD1U5mb8HP3ryBoo5Ozf9hIXAPhdRmHnftfP_ hNteaeUdzTdyNko-ZLmE7sq-

1. 心理建设方略

孙中山认为以现代人的眼光来考察世界人类的进化，应当分为三个时期：一是由野蛮到文明，属于不知而行时期；二是由文明再到更高级的文明，属于行而后知时期；三是自然科学产生以后，属于知而后行时期。他明确指出，在科学时代，能知能行，知之应更易行之，关键是敢不敢行的问题，也就是解放思想勇于实践的问题。所以，他认为，对于如何建国他已经构建了一整套科学的方略了，心理建设的首要任务就是转变畏首畏尾的社会心理，摈弃思想中的陈腐东西，克服行动上的畏难心理，鼓起斗志，敢于实践。

孙中山游学海外数十年，对西方先进科学文化颇有研究，深知西方列强依靠发展科学技术的兴国之道。科学就是最高级的"知"。鼓励人们尊重科学知识，尊重人才，奋发学习，追求科学，大力发展教育事业。孙中山视教育为立国的根本。他提出，科学文化素质如此低下的国民难以担负起建设现代化新中国的历史重任，新中国的第一要务就是大力发展科学技术，普及教育，提高整个民族的科学文化素质。

孙中山还认为，实行对外开放政策，大量吸收、借鉴和利用世界各国的先进科学文化成果，显然是快速复兴中华的必由之路。我们泱泱大国，对外开放，一定会在很短的时间内就能强大起来。

2. 物质建设方略

中国幅员辽阔，物产丰富，拥有强大的资源优势。可是，如何才能将这种资源优势转化为强大的经济优势，从而早日改变中国贫穷落后的面貌呢？所以在这一建设方略中，孙中山特别突出工业基础设施的建设。他说："予之计划，首先注重于铁路、道路之建筑，运河、水道之修治，商港、市街之建设。盖此皆为实业之利器，非先有此种交通、运输、屯积之利器，则虽全具发展实业之要素，而亦无由发展也。"另外，开发中国的实业，可以采取个人企业和国家经营两种方式进行。凡较之于国家经营更适当的实业，应采取个人企业的方式进行，受国家法律的保护。而那些不能交由个个企业经营的，譬如具有垄断性质的企业，则应由国家经营。同时，开发中国的实业，还应遵循如下四条原则：第一，必须选择最有利的途径吸引外资；第二，必须满足国民最迫切的需要；第三，必须是阻力最小；第四，必须选择最适宜的地理位置。

《实业计划》由六大计划共 33 个部分组成。在这个庞大的总体构思中，发展交通和通信是孙中山关注的重点，他甚至具体提出修建青藏铁路、川藏铁路以及三峡大坝等中国改革开放后才逐步建设完成的世纪工程。关于发展经济和实业的所有制问题，孙中山主张实行个人经营与国家经营并行不悖、相辅相成的混合经济体制。

3. 社会建设方略

孙中山看到，中国地大物博，人口众多，中华民族是世界上最大的民族，也是世界上最优秀的民族。然而，中国具有如此优越的历史、人文、自然条件，而当包括日本在内的世界上许多国家都兴旺发达的时候，却为什么反而落伍了呢？他的结论是：人心涣散，犹如一盘散沙，人民的力量没有团结起来。孙中山认为，这应该从凝聚人心、凝聚全体民众的力量开始。

孙中山特别强调在民主制度的实施中，程序具有十分重要的意义。如果把民主比作一个陀螺的话，程序就是抽动陀螺旋转的鞭子，没有鞭子的抽引，陀螺即会倒下，也不能称其为陀螺了。

近一个世纪过去了，孙中山先生的伟大梦想一个接一个地实现了——铁路进藏、三峡水库、利用外资、快速崛起。比如，《建国方略》最早提出以北方、东方和南方三个世界级大港为中心，将中国沿海地区划分为三个经济发达区域，同时开发，协调发展。关于北方大港，孙中山写道："顾吾人之理想，将欲于有限时期中发达此港，使与纽约等大。"关于东方大港，孙中山认为应建在"杭州湾中乍浦正南之地"，并表示"论其为东方商港，则此地位远胜上海"。而在第三计划中，孙中山构想道："为建设一南方大港，以完成国际发展计划篇首所称中国之三头等海港。"这个南方大港的位置"当然在广州"。现在，孙中山所设想的三个区域已经形成了三个庞大的港口群，北方港口群以京塘港为中心，两翼有营口港、丹东港、天津港等；东方港口群有上海港、宁波港、南通港、连云港港，以及落成不久的上海洋山深水港；而南方港除了广州港外，还有深圳、蛇口等港口，吞吐量均在亿吨左右，忙碌景象已远远超出孙中山当年设想。经过近 30 年的对外开放，中国逐步形成了环渤海经济区、长江三角洲经济区和珠江三角洲经济区，其经济合作模式、对外功能与特点，和孙中山 80 多年前的构想十分吻合。

上海市社会科学院部门经济研究所所长杨建文至今一直认为，"上海的发展没有走弯路，是参考《建国方略》的东进方案得到了中央的支持。《建国方略》的参照、指导起了作用。"就是因为这本书从全局考虑的思路讨论全国的问题，从全国、全球的角度考虑某个地区的发展，具有很大的视野和气度。

中国社会科学院当代中国研究所经济研究室主任陈东林认为，"客观地说，孙中山的实业计划内容，是经过他组织科学人员做过初步考察的，虽然还存在许多忽略工程技术、资金条件的空想，但从中国自然和经济地理上来说，已是一个基本吻合国情的建设蓝图，态度是科学的。"

1979 年 7 月，中共中央、国务院决定对广东、福建两省的对外经济活动实行特殊政策和优惠措施；1980 年 5 月，决定在深圳、珠海、汕头、厦门设立经济特区。20 世纪后期，中国最重要的历史事件——改革开放拉开了帷幕，也意味着孙中山的"国际共同发展中国计划"终于在 60 年后，有了摘下空想"帽子"的机遇。

当时孙中山为什么写实业计划？就是想把第一次世界大战的国际战争资本转化为中国的投资资本，但是历史并没有给孙中山时间和机会；60 年后，邓小平是想把国际的冷战资本转移到中国，作为中国的开发资本。60 年情势发生如此重大变化，关键原因就在于，孙中山时期中国很衰弱，内有内战，外有不平等条约；邓小平时期则是'文革'刚结束，内无内战，外无不平等条约，中国是个独立自主的国家。对此，孙中山也有认识。在《实业计划》中文版序言中，他提出外国资本进入中国后，控制了中国怎么办？答案是，"惟发展之权，操之在我则存，操之在人则亡"，也即自己要独立控制的发展自主权。但孙中山那时候中国没有'操之在我'的能力，而邓小平的时候我们有这种能力了。这种"拥有建设的权力"，正是一百多年来，孙中山奋斗不息所苦苦追求，并由毛泽东开创的民族独立和邓小平开创的改革开放所最终成就。

这其间存在着一脉相承的关系。《建国方略》是中国近代史上第一个比较全面、系统、准确的经济发展现代化蓝图。对比此后中国所走过的经济发展和强国之路，与孙中山所勾画的宏伟蓝图，不谋而合。《建国方略》的核心是《实业计划》，而《实业计划》的核心是发展铁路、港口、钢铁、水泥、机器制造等重工业；而新中国成立，以毛泽东为首的共和国领袖也是优先发展重工业和国防高科技，通过前30年艰苦奋斗，使新中国初步具备了较强的工业基础。这说明，孙中山和毛泽东都看到我们这样一个落后的亚洲国家，要想尽快走向世界前列，就必须优先发展重工业。

对于这种关系，最有说服力的就是青藏铁路的建设。《实业计划》在第四计划中专用一章节构想"高原铁路系统"，提出将铁路分别从兰州和成都修到拉萨。1955年，青藏铁路被提上议程，三年后开工建设，1984年通车至青海格尔木；1999年，国家提出西部大开发战略后，2001年青藏铁路第二阶段动工，2006年7月1日最终修到拉萨。从孙中山、毛泽东、邓小平、江泽民到胡锦涛，这是一条一以贯之的民族复兴伟业从梦想变为现实的"天路"。

在《实业计划》之"改良现有水路及运河"一节中，孙中山又将目光瞄向长江，除阐述整治长江口至重庆间的航道，建设沿江港埠等航业问题外，便是长江上游的水利开发——这是见于国人著述中最早的三峡工程。随后在1924年8月17日，孙中山在广州国立高等师范学校演讲《民生主义》，更明确说明在三峡建坝还可发电。2006年10月，三峡大坝蓄水至156米，三峡工程开始发挥其全面效益，除了孙中山所能想象到的航道改善、发电外，其最大的效益便是防洪，长江中下游防洪标准提高到百年一遇。

《建国方略》形成之后的历史演变，充分说明了孙中山先生的理念，先是毛泽东在民族主义方面，继之邓小平、江泽民、胡锦涛在民生主义与实业计划方面，加以实践，终而在民族主义上产生巨大成就，民生主义与实业计划的成果也逐渐显现出来。

无怪乎毛泽东同志曾说："不但在过去和现在已经证明，而且在未来还要证明，中国共产党是（孙中山）革命三民主义最忠诚、最彻底的实践者。"

3.2.2.2　毛泽东思想中的系统工程思想

以毛泽东为代表的中国共产党领导人在长期的革命斗争的实践中，将中国革命的具体实践同马克思主义的普遍原理相结合，形成毛泽东思想。毛泽东思想是被实践证明过的正确的理论思想和经验总结，在许多方面深得现代系统论的思想旨趣。

毛泽东思想中的系统工程思想首先表现在它的整体观上，首先，他认为整体是由部分组成的，并且整体具有部分所没有的性质，如毛泽东在论述战争中的全局与局部的关系时曾明确指出："全局的东西，眼睛看不见，只能用心思去想一想才能懂得，不用心思去想，就不会懂得。但是全局是由局部构成的，有局部经验的人，有战役战术经验的人如肯用心去想一想，就能够明白那些更高级的东西。"这说明了系统整体并非由其组成要素简单地机械叠加而成，而是由这些要素有机联系构成的复杂统一体，要素之间错综复杂的有机联系使系统整体产生了其组成要素本身所不具备的新质——系统的整体质，即用"眼睛看不见"。只有"用心思去想一想才能懂得的""更高级的东西"。其次，毛泽东的系统整体观念还体现在他对系统整体效能的突出强调上，即全局的最优整体效能应当成为各个局部行动决策取舍的最高标准。毛泽东指出："共产党员必须懂得以局部需要服从全局需要这一道理。如果某项意见在局部看来是可行的，而在全局的情形看来是不可行的，就应以局部服从全局，反之也是一样，在局部看来是切不可行的，而在全局看起来是可行的也应该以局部服从全局，这就是照顾全局的观点。"

毛泽东思想中的系统工程思想其次表现在它的联系观上，首先，他认为事物的内部各要素之间以及事物与外部环境之间存在着紧密的横向联系，毛泽东认为"一切客观事物本来是互相联系的"。指出那种不认识事物的相互联系而孤立地观察问题的观点是属于形而上学的主观主义的方法论。"和形而上学的宇宙观相反，唯物辩证法的宇宙观主张从事物的内部、从一事物对他事物的关系去研究事物的发展，即把事物的发展看作是事物内部的必然的自己的运动，而每一事物的运动都和它的周围其他事物互相联系着和互相影响着"。其次，毛泽东还认为事物在时间的发展轴上又存在着纵向的联系，即过去、现在和未来之间的联系，《毛泽东选集》中指出："战略指导者当其处在一个战略阶段时，应该计算到往后多数阶段，至少也应计算到下一个阶段。"

毛泽东思想中的系统工程思想还表现在它的有序观上，在毛泽东看来，事物发展的顺序性是客观事物本身所固有的，不能任意颠倒。例如，"中国革命的历史进程，必须分为两步，其第一步是民主主义的革命，其第二步是社会主义的革命"，"这是两个性质不同的革命过程，只有完成了前一个革命过程才有可能去完成后一个革命过程"；"若问一个共产主义者为什么要首先为了实现资产阶级民主主义的社会制度而斗争，然后再去实现社会主义的社会制度，那答复是：走历史必由之路"等。毛泽东把这种顺序性，生动地比喻为写作，"两篇文章，上篇与下篇，只有上篇做好，下篇才能做好"；比喻为"剧是必须从序幕开始"。

综上所述，毛泽东思想深刻地体现了系统工程思想中的整体观、联系观、有序观，这些系统工程思想是现代辩证唯物主义辩证系统观与中国传统的朴素系统观念相融合的产物。毛泽东同志也正是运用这些思想方法，指挥中国革命取得一个又一个的胜利，其中，最有代表性的有四渡赤水、延安保卫战和解放战争三大战役。

1. 四渡赤水中的系统工程思想

1935 年 1 月 19 日起，红 1、3、5、9 军团先后从遵义、桐梓、松坎地区出发，向土城、赤水出发，并于 24 日攻占土城。但由于占领赤水计划受挫，红军于 28 日在土城、青杠坡地区与尾追的川军激烈交战，与敌军形成对峙局面，情况对红军不利。于是政治局和军委紧急决定撤出青杠坡，改变北上行军路线，避开强敌。1 月 29 日，红军撤出战斗，从元厚、土城向西渡过赤水河，此为四渡赤水第一渡。此后，红军进至川南，寻机北渡长江。但由于张国焘抗命，使得红军的北进路线遭到川军的全力堵截。此时，敌军不断增兵，其主力已大部被红军吸引至川滇边境，其黔北地区兵力空虚，红军遂决定出敌不意地回师东进，折回贵州。2 月 18 日至 20 日，红军在太平渡、二郎滩第二次渡过赤水河，并分别于 24 日和 28日再次攻占桐梓和遵义。次日，红军于遵义向立足未稳的敌驰援部队发起进攻，历时 5 天，歼敌大部并俘获大量敌军和武器，极大地鼓舞了士气，打击了敌人的反动气焰。

红军遵义大捷后，蒋介石企图围歼红军于遵义、鸭溪这一狭窄地区。为粉碎敌人新的围攻，毛泽东决定把滇军调出来，从而实施进滇入川的战略计划。为此，毛泽东命令部队先佯攻打鼓新场，试图将中央军周浑元纵队引出，后调集各部于鲁班场对周浑元形成包围并摆出决战态势，目的就是要把各方面的国民党军都吸引到黔北来，找个缝隙突破蒋介石设置的大包围圈套小包围圈。这一行动果然调动了敌人，当敌吴奇伟部北渡乌江和滇军孙渡部靠近之际，毛泽东令中央红军主动撤出战斗，并于 3 月 16 日、17 日经由茅台镇三渡赤水河，再入川南，并再次摆出北渡长江的态势，使得蒋介石则再次把主力和注意力集中到川南。3 月 20 日，毛泽东命令中央红军秘密、迅速地从太平渡、二郎滩、九溪口第四次渡过赤水河，接着向南急进。27 日，朱德令红九军团于马鬃岭地区伪装主力，向长干山、枫香坝佯攻，以吸引敌人北向，掩护主力向南转移。28 日，红军主力钻过鸭溪、白腊坎之间不足 15 华里的敌军封锁线缝隙，巧妙地跳出了敌人的包围圈。①

红一方面军四渡赤水，这是红军"长征史上最光彩神奇的篇章"。与敌军相比，红军整体处于弱势，但是毛泽东却以其正确的战略决策和高超的指挥艺术巧妙隐蔽红军战略意图，有计划地调动敌人，造成红军许多局部的优势和主动，这体现了系统工程中局部与整体的辩证思想。在四渡赤

---

① http：//cpc. people. com. cn/GB/218984/218994/219014/220534/14731350. html，http：//dangshi. people. com. cn/GB/173577/12832396. html

水的过程中，毛泽东将敌我军力的分配和布局看作一个系统，通过对系统结构的充分认识，准确把握战争态势，领导红军避开敌人的锋芒，寻找敌人的薄弱环节落脚。又通过对战略全局的整体把握，不断调动敌军，得以变被动为主动，实现对兵力结构和战斗形式的调整和控制，也为自身创造了时间和空间。红军以空间换时间，以时间求生存，以生存寻战机，以战机谋发展，以发展得胜利，巧妙地体现了系统工程中的时空转换思想，也完美地诠释了生存与发展的关系。

2. 百团大战中的系统工程思想

百团大战是抗日战争史上的一次重要战役，粉碎了日军的"囚笼政策"，推迟了日军的南进步伐，增强了全国军民取得抗战胜利的信心，同时也提高了中国共产党和八路军的声望。

百团大战是对八路军三年抗战工作的具体检验，也是八路军运用系统思维进行战事指挥的集中体现。在华北这样广大的地区中，在敌人堡垒棋布中，于短时间内调集百团以上兵力进行总攻，这充分体现了指战人员对于军事系统的掌控能力。在百团大战中，八路军能够在严峻的形势中，对敌军部署的系统结构准确认识，通过对敌军各部分间的信息和物资渠道进行破坏，打破了敌军各子系统之间的联系，使得日军据点成为分散的独立个体，不能相互呼应，从而削减了对方的整体战斗能力，打破了日军的"囚笼政策"。这是八路军指挥的精明所在。

如果将百团大战放在全国抗日战争的大环境中，它的胜利也起到了举足轻重的作用。它首先打击和推迟了敌人进攻重庆、昆明、西安的阴谋，通过一场正面大规模战役的胜利，高度兴奋了全国人民，揭穿了蒋介石对我军"游而不击"的造谣，并在战略上有力地支持了国民党正面战场。更重要的是，它争取了动摇分子，遏制了险恶的妥协投降与分裂逆流，避免了共产党及其担忧的蒋、汪"统一投降、统一反共"以及"中日联合剿共"的发生，确保了抗日战线的统一和稳定。①

---

① http://www.people.com.cn/GB/shizheng/252/5301/5302/20010608/484800.html，http://www.people.cn/GB/historic/0820/2725.html，http://cpc.people.com.cn/GB/33837/2534396.html

虽然百团大战提前暴露了八路军的主力情况，使得敌后的抗日根据地面临巨大的压力，但是为了抗日战争胜利的整体利益考虑而牺牲局部利益，避免了日后更加困难的局面。另外，通过百团大战，八路军的战斗能力和整体素养得到了综合提升，八路军的队伍也得到了发展壮大，同时提高了中国共产党和八路军的威望。这为日后更加艰巨的抗日和解放任务打下了良好的基础。

这一切都表现出，我军对于战略的思考不仅仅停留于简单的局部战场或战争层面，而是将全国乃至世界的整体情况作为一个系统加以把握，并从经济、政治、军事等多方面因素综合加以平衡和决策，以一场战役的胜利来牵动整体的局势的改善和提升。这是将系统思想运用到实际领域而最终获得综合提升的典型案例。

3. 延安保卫战中的系统工程思想

1947 年初，国民党军对解放区的全面进攻严重受挫，遂调整为对陕北和山东两个解放区的重点进攻，首当其冲的就是中共中央和人民解放军总部所在地延安。蒋介石在陕北纠集了胡宗南等部共 34 个旅 25 万人围攻陕甘宁边区，企图一举攻占延安，摧毁中共中央，或逼迫中共中央东渡黄河，再在华北同人民解放军进行决战。而当时在陕北战场上的人民解放军全部兵力仅不到 3 万人，且装备极差，形势十分严峻。毛泽东对当时的整体局势进行分析后，与中共中央军委决定，当前应充分利用陕北有利的地形条件和群众基础，诱敌深入，歼其有生力量。必要时放弃延安，采用"蘑菇战术"牵制胡宗南集团主力于陕北战场。

1947 年 3 月 13 日起，国民党组织起大批部队，对延安发起大规模进攻，并调集飞机对延安进行狂轰滥炸。西北野战军和地方武装在极端困难的情况下，依托阵地顽强抵抗，为掩护中央机关和群众转移赢得了时间。16 日，中央决定在陕甘宁解放区的各部队统归中共中央军委副主席彭德怀和中共中央西北局书记习仲勋指挥。18 日，毛泽东率中央机关和人民解放军总部等撤离延安。此后，西北人民解放军严格遵照中共中央军委的指示，先打弱后打强，先打分散后打集中，并按照"蘑菇战术"充分利用有利的地形条件和群众条件，牵敌人，磨敌人，饥疲困敌人，然后寻机各个歼灭敌人，先后取得了青化砭战役、羊马河战役和蟠龙战役的胜利，消灭胡军 14 000 多人，成功牵制并削弱了胡宗南这支蒋介石的战略预备队，从战略上有效地策应了其他战场的人民解放军，为西北战场的胜利奠定了基础，更保证了战争全局的胜利。①

当中共中央决定主动放弃延安的时候，延安的许多人是不理解的。然而死守延安必须调动外线部队驰援，一旦失败便陷入全面的被动；即使一时解了延安之围，大批部队集中在陕北地区也容易将全国战局走成一盘处处被动的死棋。而在适当的时候放弃延安，转战陕北，则是遵从了"为了前进而后退"的大道理。以中央首脑机关为诱饵，陷敌三十万精锐于陕北，对我华北解放战场的支援不言而喻。虽然任务重，确是牺牲了局部而保全了全局。因此在毛泽东决定放弃延安的时说了这样一段经典的话："存人失地，人地皆存，存地失人，人地皆失，我们会以一个延安换回整个中国……，"他在向百姓解释放弃延安的原因时，还将延安比喻成一个装满金银财宝的大包袱，而把蒋介石和胡宗南比喻成半路打劫的强盗，他提到："我们暂时放弃延安，就是把包袱让敌人背上，使自己打起仗来更主动、更灵活，这样就能大量消灭敌人，到了一定时机，再举行反攻，延安就会重新回到我们的手里。"历史见证了这个伟大决策的果断和英明，这也是暂时利益服从于长远利益的体现。蒋介石舍不得放弃长春，结果丢了东北；舍不得放弃徐州，结果丢了山东中原；舍不得放弃平津，结果丢掉了整个华北。而毛泽东则不然，主动放弃一城一地是为了夺取更多的城、更多的地。主动放弃延安，是为了最终得到天下。这里面透出的是博大的胸怀，更是胸怀中有全局的气魄。

从战略层面上讲，将延安保卫战这个局部战争纳入全国解放战争的整个棋局中，毛泽东通过转战陕北，在险象环生中从容镇定指挥全国各个战场，展示了他深谋远虑、高瞻远瞩的战略家气魄。而在战术与战斗上，无论是横刀立马敢打硬仗的西野总司令彭德怀还是默默无闻的普通党员刘胡

---

① http://www.people.com.cn/GB/historic/0313/769.html，http://dangshi.people.com.cn/n/2012/0912/c348858-18988124.html

兰，都是胸有全局之人，在个人利益与集体利益中毅然选择后者，甚至不惜献出自己宝贵的生命。只有具有全局观念的人才会善于把握时局，从组织整体和长期的角度去进行决策考虑，这就是系统工程思想的精髓之一。

4. "三大战役"中的系统工程思想

从 1948 年秋开始，共产党和国民党的力量对比开始发生逆转，在政治、军事和经济等多方面出现了有利于革命力量的变化，人民解放军同国民党军队进行战略决战的时机已经成熟。中共中央军委制定了关于第三年的军事计划，决定在东北、华北、西北、华东等地发起攻势，进行几次大的战役，把战争引向国民党统治区。

1948 年 9 月至 1949 年 1 月，中国人民解放军同国民革命军进行的战略决战，包括辽沈、淮海、平津三个战略性战役。辽沈、淮海、平津三大战役，历时 142 天，共争取起义、投诚、接受和平改编与歼灭国民党正规军 144 个师，非正规军 29 个师，合计共 154 万余人。国民党赖以维持其反动统治的主要军事力量基本上被消灭。三大战役的胜利，奠定了人民解放战争在全国胜利的基础。[①]

综观三大战役的全过程，毛泽东伟大的战略和战术思想对战争能够最终取得如此大的胜利有着十分重要的意义和贡献。这其中无不映射出系统工程思想的巨大光芒。毛泽东对于系统的认识和把握，以及运用系统的思维指导革命实践的能力，这个时期可谓炉火纯青。在长期的革命斗争实践中所逐渐形成并不断发展的毛泽东思想中，可以经常看到系统工程思想的影子。

（1）放眼全局，注重战役间的协调配合

毛泽东作为一个伟大的战略家，从全国战局着眼，对三大战役之间的协调配合做出了规划。1948 年 8 月，鉴于人民解放军在东北战场上的绝对优势，国民党南京军事会议决定实施撤退东北、确保华中的计划，为了防止东北之敌撤入关内与华北之敌汇合后增大华北解放军的作战压力，以

---

① http://www.people.com.cn/GB/shizheng/252/5301/5302/20010611/486203.html, http://dangshi.people.com.cn/n/2012/0912/c348858-18988622.html, http://dangshi.people.com.cn/GB/220777/14727779.html

毛泽东为首的中共中央军事委员会决定阻止敌人南下，采取了就地歼灭敌人的方针。其实，早在 1948 年初毛泽东就极富前瞻性地做出了《封闭蒋军在东北加以各个歼灭》的指示。9 月 5 日，毛泽东又强调在北宁线的作战"主力不要轻易离开北宁线，使两翼敌（卫立煌、傅作义）互相孤立"，从而形成"关门打狗"之势就地歼灭敌人。7 日，毛泽东再次指示"现在就应该准备使用主力于该线（指锦州至唐山一线：作者注），而置长春、沈阳两地敌于不顾"。东北野战军按毛泽东的战略构想于 12 日发起辽沈战役，至 10 月 15 日人民解放军攻克锦州并全歼守敌 10 万余人，完全封闭了东北之敌逃往关内的唯一通道，把敌人封闭在东北地区并随之全歼，避免了东北之敌南逃关内，大大减轻了后来平津及华北战场上的压力。

在淮海、平津两战役中，毛泽东关于战役之间相互协调、配合的战略思想更加明显。人民解放军于 1948 年 11 月 6 日正式发起淮海战役，22 日全歼黄百韬兵团，25 日又将黄维兵团围困于双堆集。徐州杜聿明集团逃窜，也于 12 月 4 日被人民解放军包围在陈官庄。至此，淮海战场上的敌人已被分割包围完毕，人民解放军已充分具备了对各孤立之敌展开全面进攻及全歼的条件。但是在此关头，毛泽东出于配合平津战场部署并拖住华北之敌"不使蒋介石迅速决策海运平津诸敌南下"的考虑，毅然决定"留下杜聿明指挥之邱清泉、李弥、孙元良诸兵团（已歼约一半左右）之余部，两星期内不作最后歼灭之部署"。同日，毛泽东指示东北野战军在 25 日前完成对天津、塘沽、芦台和唐山等地的包围，切断敌人从海上南逃的路线。而在此期间，东北野战军先后在康庄、怀来地区截断了平津敌人西逃之路。当平津战场完成对敌人的切割、包围后，1949 年 1 月 6 日，淮海战场上的人民解放军才对被围困的杜聿明集团发起了总攻。平津战场上人民解放军也随即对各被分割孤立之敌展开围歼，至当月 31 日也获得了彻底胜利。淮海、平津两战役相互协调配合，取得了总共歼敌 107 万余人的辉煌战果，大大加速了人民解放战争的进程。

（2）针对不同情况制定不同的战略方针

具体问题具体分析是马克思主义活的灵魂，也是毛泽东军事思想的精髓。毛泽东针对三大战役各战场的不同情况制定了不同的战略方针。

在东北战场上，针对敌人兵力部署在锦州、沈阳、长春三点一线的态势和撤退东北的企图，毛泽东制定了"关门打狗"的战略方针，要求人民解放军"封闭蒋军在东北加以各个歼灭"，并把首先夺取锦州切断北宁线作为"关门"的关键，敌人遂成瓮中之鳖。

在淮海战场上，针对敌人在以徐州为中心点的"一点两线（陇海线、津浦线）"，企图以此来阻止人民解放军南下，而且万不得已时撤到淮南与南线敌人汇合以确保南京、上海的兵力部署，毛泽东提出了"截断宿蚌路，歼敌于淮河长江以北"的战略方针，对敌人进行"中间突破"加以各个就地歼灭。

平津战场上，傅作义集团在以北平、天津为中心，东起唐山西至张家口的铁路线上摆起了一字长蛇阵，并企图在溃败时从海上南逃或向西逃窜。为了就地歼敌不让其逃走，毛泽东制定了先切断敌人东西两头退路然后再逐个歼灭敌人的战略方针。早在辽沈战役尚未结束，平津战役还未打响的 1948 年 11 月 20 日，毛泽东即指示东北野战军"先以四个纵队夜行晓宿秘密入关，执行隔断平津的任务"，并建议在曲阳的两个人民解放军纵队"配合杨成武、詹大南包围张家口"，以切断华北之敌的东、西退路。26 日，毛泽东制定了《东北大军入关后的作战计划》，再次强调了包围张家口和切断平、津联系的战略意图。

（3）以攻打重点目标统率战役全局

在东北战场上，为了实现"封闭蒋军在东北加以各个歼灭"的战略意图，毛泽东明确指出应把锦州地区作为首要的重点攻击目标："你们的中心注意力必须放在锦州作战方面，求得尽可能迅速地攻克该城"，"即使一切其他目的都未达到，只要攻克了锦州，你们就有了主动权，就是一个伟大的胜利"。这样，当东北人民解放军攻克锦州切断敌人退往关内的唯一通道之后，长春守敌在突围无望、守必被歼的情况下，做出了起义或投诚的行为也就势在必然。

淮海战场上，由于敌人的兵力部署呈现出"一点两线"的十字架格局。为了实现"歼敌于淮河长江以北"的战略意图，毛泽东做出把歼灭黄百韬兵团和"截断宿蚌路"作为本次战役的首战目标。1948年10月11日，毛泽东即指出："本战役第一阶段的重心，是集中兵力歼灭黄百韬兵团，完成中间突破"。14日他又强调："目前数日之内必须集中精力，彻底解决黄兵团全部及宿蚌段上的敌人"。遵照指示，人民解放军最终得以全歼敌军。

平津战场上，针对敌人一字长蛇阵的兵力部署，为了实现切断敌人退路不让敌人逃走以就地歼灭的战略意图，毛泽东确立了"先打两头"的作战方针，把张家口、新保安及塘沽、芦台等地区作为首攻的重点目标。早在1948年的11月20日，毛泽东就指示人民解放军应该"同时隔断天津、北平间和唐山、塘沽间之联系，使北平、唐山两处之敌均不能到达津、沽"，"执行包围张家口，阻止傅部西退的任务"。12月10日，毛泽东又指出："现在张家口、新保安两敌确已被围，大体上很难突围逃走"，"我们的真正目的不是首先包围北平，而是首先包围天津、塘沽、芦台、唐山诸点"，并强调"只要塘沽（最重要）、新保安两点攻克，就全局皆活了"。人民解放军按照指示完成了对敌人的分割包围或阻隔任务之后，即于22日首先攻克新保安，24日歼灭张家口之敌。1949年1月15日东北野战军攻克天津，17日塘沽之敌从海上逃走，31日陷于孤立的北平傅作义集团接受了和平改编。

（4）分割敌人，各个击破

为了有效地歼灭敌人，在敌人兵力还较强的情况下，对敌人进行分割包围使其化整为零是十分必要的。东北战场上，因敌人长期以来就分布在较为孤立的锦州、沈阳、长春三个点上，对其进行切割较为容易，而在淮海战场上相对较难。为了孤立徐州，毛泽东在1948年11月9日要求人民解放军在力争歼灭黄百韬兵团的同时，"截断宿蚌路"并"向李弥兵团攻击"，以"控制并截断徐州至运河车站之间的铁路"。人民解放军按照指示于15日攻占宿县，切断了徐蚌之间的联系，形成分割，最终将黄百韬兵团、黄维兵团和杜聿明集团逐一击破。

平津战场上对敌人采取分割包围各个击破的战术更为突出。毛泽东在1948年12月11日的《关于平津战役的作战方针》中即确定了东北野战军要在 25 日前完成对天津、塘沽、唐山等地的包围，对张家口、新保安采取"围而不打"和对平、津、通州等地采取"隔而不围"的方针；还指出完成上述任务之后的攻击次序大约是："第一塘芦区，第二新保安，第三唐山区，第四天津、张家口两区，最后北平区"。将敌人分别阻隔于平、津、塘地区的战略部署，对北平最后的和平解放也起到了决定性作用。

（5）攻城与打援、牵制相结合

为了更好地攻城或打击孤立之敌，对敌人可能的援兵进行有效地打击或牵制是十分必要的。

在东北战场上，毛泽东于 1948 年 9 月 5 日就指示东北野战军在攻打义县、高桥、兴城和绥中时"卫立煌有极大可能增援，可在运动中歼击"，7 日他在《关于辽沈战役的作战方针》中又指示"准备在打锦州时歼灭可能由长、沈援锦之敌"。随后，在攻锦和保锦争夺战中，毛泽东更是精心部署了对敌之东西对进兵团的阻援和打援兵力。

在淮海战役中，为了实现歼灭黄百韬兵团重点作战任务，毛泽东对打击可能的救援之敌进行了精心部署："以一个至二个纵队，歼灭临城、韩庄地区李弥部一个旅，并力求占领临城，从北面威胁徐州，使邱清泉、李弥两兵团不敢以全力东援。以一个纵队，加地方兵团，位于鲁西南，侧击徐州、商邱段，以牵制邱兵团一部（孙元良三个师现将东进，望刘伯承、陈毅、邓小平即速部署攻击郑徐线牵制孙兵团），以一个至二个纵队，活动于宿迁、睢宁、灵璧地区，以牵制李兵团"。毛泽东要求东北野战军"扭打平张线上之敌"以"吸引傅作义部几个军于平张线上，并歼灭该线各军之一部或大部"。这些打援、阻援措施的制定和实施，有效地确保了主攻目标的顺利实现。

（6）军事打击为主，辅之以政治攻势

1948 年 10 月 15 日，人民解放军攻克了锦州后，长春守敌在突围无望、守必被歼的情况下，经过人民解放军强大的政治宣传，其第 60 军军长曾泽生于 17 日率部起义，19 日东北"剿总"副司令郑洞国率第 7 军投诚，长春遂宣告解放，这大大加速了人民解放军解放东北的步伐。

平津战场上，人民解放军对北平东、西两翼之敌进行了重大的打击，切断了敌人两头的退路之后，向被围困的傅作义集团发出了最后通牒，要求敌人放下武器接受和平改编，否则"我军将以精确战术攻城，勿谓言之不预"。在人民解放军兵临城下和强大的政治攻势面前，傅作义集团接受了和平改编的建议，于 1949 年 1 月 31 日开出城外接受了改编，北平获得和平解放。

在三大战役中毛泽东还大量运用了其他的一些战略战术，如充分调动敌人在运动中大量歼敌、集中优势兵力打歼灭战、先打弱敌后打强敌等。这些光辉的战略战术思想不仅对指导革命战争具有重大的意义，在今天对社会主义现代化建设事业和具体的日常工作也同样有着重要的指导意义（董金柱，2003）。

在我国近现代历史河流中，中国人民长期的革命和建设实践推动了系统工程思想的发展，为中国现代系统工程思想的建立奠定了良好基础。新中国成立，百废待兴，国家大力鼓励经济和国防建设，为系统工程思想的发展提供了新的土壤。尤其是钱学森回国后，积极推动工程控制论和运筹学在中国的传播与发展，逐渐使工程控制论这门新学科在国内形成为健全的人才培养、理论研究和工程应用体系，推动了国内自动控制专业的发展，同时也使得运筹学在工业、农业、交通运输业等领域的广泛应用，这都为中国现代系统工程思想的建立提供了重要支撑。特别是，钱学森等参与的早期航天实践，更提供了孕育现代系统工程思想的实践土壤。

第4章
现代系统工程思想

20世纪中叶，以原子能工业（1942年）、电子计算机（1945年）、空间技术（1957年）、激光（1960年）和基因工程（1973年）等新兴技术群为标志，以电子计算机技术、通信技术和信息资源处理技术组成的信息技术为核心，出现了第三次技术革命——"信息革命"（王渝生，2008），人类也随之步入信息社会。在这一社会时期，复杂系统、复杂巨系统成为人类认识和研究的重点，系统思想指导下的现代系统工程得以建立，其实用性与先进性便初露端倪。同时，系统工程思想也在大量现代工程实践的支撑下，进入蓬勃发展的新时期。

西方科学技术的领先性，为复杂系统的建立、改造、优化等超领域系统工程实践提供了平台和支撑。同时，在近代还原论思想指导下，学科分类日益细化、深入，出现的"逐末忘本"和"窥豹一斑"等现象与解决复杂系统问题所需的系统思维、科学交叉、集成智慧之间产生了巨大鸿沟，为现代系统工程的正式建立，孕育了先机。中国传统的系统工程思想与实践源远流长，新中国成立后，百废待兴的历史机遇，独特的集中力量办大事的国家体制，为中国现代系统工程的正式建立与快速发展提供了无与伦比的优势条件。在借鉴和研究西方系统工程思想、理论、方法的基础上，以"综合集成方法论"为代表的，吸收传统文化精髓，立足辩证思维的系统工程中国学派异军突起。在信息高速传递、知识快速交流的今天，东西方系统工程思想不断交叉融合，系统工程出现繁荣发展景象。

系统工程是以控制和优化系统为目的而开展的理论研究和工程实践，

其概念最早由研究工程系统问题的技术人员正式提出。但由于系统工程的超领域性、开放性和整合性，有大量来自不同学科领域或针对不同系统对象的学者，从各自领域、学科背景和研究习惯出发，不断参与到系统工程研究与实践中，丰富了系统工程思想并推动了系统工程的进步。工程技术人员、组织管理人员、政策研究人员、自然科学家或工作者等，从不同的侧面、采用不同的方法，认识系统和系统工程，从而产生了局部上各具特色的研究重点与认识。一般而言，对系统工程的实践可分为四种传统类型。第一，以工程技术和控制论专家为主，吸收和运用大量工程技术、运筹方法，侧重于工程系统的创建、系统控制与优化。这种思想以霍尔三维模型等硬系统工程方法论为代表，也体现在钱学森早期著作《工程控制论》中，是西方系统工程正式成立的起源和现代系统工程的发展的开端。第二，以组织管理人员为主，吸收大量科学管理、组织管理等理论方法，强调系统工程是组织管理技术。这种思想以钱学森早期的航天系统管理实践和认识为代表，也贯穿在发起于西方的项目管理、大型计划管理之中，是中国现代系统工程思想的起点。第三，以大量复杂系统为对象，重视应用计算机仿真等量化手段进行系统分析，从而认识系统结构，调整系统关系，实现系统优化。在国外以圣塔菲研究院为代表，国内有航天系统科学与工程研究院、中国科学院系统数学与系统科学研究院等代表单位。第四，是一批与政治、法律和其他上层建筑领域活动有一定联系的专家，他们着眼开放的复杂巨系统，尤其是社会系统的优化，强调综合集成和定性定量相结合地处理复杂巨系统问题，开展高层决策支撑。这部分系统工程思想，在西方以国际应用系统分析研究所为主，在国内以钱学森的"开放的复杂巨系统理论"和"综合集成研讨厅"为依据，以中国系统工程专家组等为代表从政治、经济、文化、社会、生态等多角度开展社会系统工程研究与实践，总结中国领导层系统思维，为中国特色社会主义建设提供智慧支持。

　　不同类型的系统工程专家，无论其关注的焦点、采用的技术方法有何差异，皆是在从事系统的优化、控制实践，都强调目标导向，其核心的系统工程思想可谓"一致百虑，殊途同归"。系统工程思想，是还原论与整体论的辩证统一，它既要求认识系统要素、分析系统结构、理清系统关系；又要求着眼系统功能，重视整体涌现性，通过局部调整优化实现整体目标。系统工程思想，要求定性与定量的辩证统一，它既追求清晰、准确的模型定量描述，又主张对无法定量的事物、问题定性分析。系统工程通过汲取和整合各学科的优秀思想，实现综合集成所有人类智慧解决问题，是对哲学的可行化和具体实践。

4.1 现代西方系统工程思想

4.1.1 现代西方系统工程思想的产生

如前文所述，西方的系统思想由来已久，从早期的亚里士多德到黑格尔、马克思等，直至 20 世纪 40 年代末——贝塔朗菲的一般系统论、维纳的控制论和香农的信息论等，都体现了一种从整体上研究事物的科学思想和理论（于景元和刘毅，2002）。这些学问的出现和新兴学科的创立可以看作系统正式成为科学研究的对象并成为学科的标志。与此同时，从古埃及金字塔、罗马斗兽场的建设到蒸汽机的发明，系统工程实践活动同样源远流长。第二次世界大战为系统工程的发展和实践提供了绝佳契机，对更加复杂的军事、防御系统的理解和管理需求，使得人类迫切需要解决复杂系统问题，于是运筹学、系统工程、管理科学等新兴学科也纷纷出现，在这些理论基础指导下，以曼哈顿计划、阿波罗计划为标志的系统工程实践逐渐实现科学化。这样，现代系统科学与系统工程的基础思想、理论方法在西方正式形成。

半个多世纪以来，系统在国际上作为一个研究对象引起了很多人的注意。在 20 世纪 40 年代中期，出现了"系统工程"（systems engineering）一词，这是对待当时一些工程实践中卓有成效的新观点新方法的命名。系统科学的早期工作多出于电子科学家和自动控制理论专家之手。当然还有在命名中并无"系统"二字，但实际与系统有密切联系的，如运筹学和管理科学等。波德在为大英百科全书撰写的"系统工程"条目中，开篇就叙述了系统工程与运筹学的关系。系统吸引了众多领域的专家来从事一些新的研究。然而，系统论、控制论、信息论以及运筹学、管理科学等众多理论与学科的纷至沓来，同样产生了一些问题。不同的人从不同的侧面了解到一些特点，从而选择了他们认为合适的名称（鲁兴启，2002）。正如钱学森所说，"这样多的学科几乎同时创立发展，无论在概念的使用还是学科之间的关系上都没有理清楚，显得十分混乱"。

虽然都是以系统为研究对象，但是由于学科壁垒的存在，不同学科研究人员，在各自的领域内形成了各种方法，提出了各种命名。1976 年美国科学院组织部分专家编写报告，讲述颇具实效的系统工程名例。但最后对这个报告的命名引起争议，几经妥协方命名为"运筹学/系统分析"。此外，英国曾出版《国际系统工程学报》，但为了避免读者、投稿人对"工程"一词的过分狭义理解，改名为《国际系统分析学报》（鲁兴启，2002）。正如德国著名物理学家普朗克所言："科学是内在的整体，实际上它存在着从物理学到化学、通过生物学和人类学到社会学的连续的链条，这是任何一处都不能被打断的链条"（王红卫等，2009）。实际上，这些专家都是在各自领域内共同研究这一链条（钱学森，2007a）。

曾任国际系统工程委员会英国分会和英国电机工程师学会（IEE）系统工程分部首任主席的德克里·K. 希金斯（D. K. Higgins）认为，系统工程在西方作为一门学科已有半个世纪时间，它产生于对系统的研究和对发源于 20 世纪上半叶的完型理论的研究过程中，并在第二次世界大战中，因运筹学、数学建模和计算机仿真技术的进步获得飞速发展。近年来，西方对系统工程本身的认识有了新的进展。国际系统工程委员会认为，"系统工程是一种学科交叉的方法和手段，可以有效促进成功系统的实现"。它集成所有专家的智慧形成团队努力，形成有组织、有结构的开发程序，包括从概念到生产到运作。系统工程考虑客户的商业和技术需求，提供高质量产品来满足使用者的需求。《NASA 系统工程手册》提出，系统工程是一种系统化、有序化方法，用于系统的设计、实现技术管理、运行和退役。它既是科学也是艺术，开发满足多重约束的系统功能。尽管美国航空航天局主管，马克尔·D. 格里芬承认，系统工程是一门综合集成学科，需要建筑工程师、电力工程师、机械工程师、能源工程师、人性因素工程师和许多其他学科专家的贡献，他们彼此评估和平衡，通过争论，形成不被单一学科视角所统治的耦合整体。但该手册仍旧将系统工程集中于系统设计、产品实现和技术管理等方面。系统工程作为一门交叉性学科已经在西方形成共识，但正如前文所言，不同的人都是从不同侧面出发，对系统进行研究，但在许多方面尚无定论。

2007 年，德克里·K. 希金斯，出版了《系统工程——21 世纪系统方法论》，全书总结了西方系统科学和系统思想、系统方法论以及系统工程的发展，认为系统工程的本质就是，选择正确的要素组分，将这些相互作用、相互影响的组分，以正确的方式精心整合，使整体涌现出新的属性、功能和行为。在系统工程开展过程中，系统的组分和整体在环境中动态运行，它们是开放的、适应的，同时与环境中的其他系统相互作用影响。

德克里认为，世界上各行各业、各领域具备对创造更加完美系统的持续需求，系统工程方法是面对复杂问题、复杂系统的唯一合理的答案，它是提议、构建、设计、创造社会技术系统的重要方法，有特殊的方式、方法、手段，可以作为系统工程中的不同类别。

这些不同方法的共同特点包括：

1）这些系统方法在考虑系统时，要求任何系统应当是活跃的、联系和相互作用的、环境适应的。

2）这些系统方法在考虑系统时，始终考虑无处不在的人为因素。系统都与人紧密相关，他可作为使用者、操作者、控制者、领导者、评估者或决策制定者等。

3）这些系统方法在考虑系统时，绝不孤立地考虑某一实体。它们在动态环境下考虑问题，如向环境开放、适应、影响、作用、排放、吸收、运行、协调、合作、冲突、影响、反应等。

4）这些系统方法在考虑系统时，用正确的方式整合要素、功能、程序，避免相互冲突；着眼整体，全面解决问题。系统是一个有机组合的整体，通过部分的合作和协同作用，使部分成为一个统一整体运行，包括人和社会技术等。

5) 这些系统方法在考虑系统时，认为系统功能非常重要，因为功能相互影响，涌现出了新特性、功能和行为。

因此，系统工程是动态的而不是静态的。项目管理、大型计划管理等也可以被看作系统工程的简要方法和不同形式。这些认识，实际上包含了当今西方对系统工程的主流认识。

总体而言，西方现代系统工程思想立足于整体与部分、全局与局部及层次关系的总体协调，关注重点从线性系统到非线性系统发展至复杂性系统，经历了从"老三论"（系统论、信息论、控制论）到"新三论"（突变论、协同论、耗散结构理论）再到复杂性适应系统理论和复杂性科学的核心思想发展演变，同时吸收应用数学（最优化分析、概率统计）、运筹学等多种数理方法，汲取系统技术（系统模拟、信息系统技术、网络技术）等现代技术，将自然科学、社会科学中基础理论、策略、方法等进行综合集成、科学处理，用于指导人类实践中存在的复杂问题。

4.1.2 从一般系统论到复杂性科学

1. 老三论中蕴含的系统工程思想

20 世纪中期，一般系统论、控制论和信息论相互渗透融合，推动了系统科学、系统工程的建立和发展。这一时期出现了一系列的重要观点及思想并产生了深远的影响。

1922 年，哈特莱（R. V. Hartley）发表文章《信息传输》，为信息论的创立奠定了重要基础。

1937 年，冯·贝塔朗菲提出了一般系统论原理，并于 1945 年发表《关于一般系统论》一文，正式创建了系统论。1968 年他出版了意义非凡的著作《一般系统论：基础、发展和应用》，正式确立了系统论的学术地位（贝塔朗菲，1987）。此书全面总结了他 40 年来的理论研究工作，是说明其一般系统论思想、内容和理论框架的代表性著作。我们从这部著作中可看到，贝塔朗菲的一般系统论的主要内容包括：系统的若干概念及初步的数学描述，看作物理系统的有机体，开放系统的模型，生物学中若干系统论问题，人类科学中的系统概念，心理学和精神病学中的一般系统论（金吾伦和郭元林，2004），为复杂性科学的创立做了理论铺垫。

1942年2月，维纳在防空火力控制和雷达噪声滤波问题的研究基础上，提出了维纳滤波公式，并建立了维纳滤波理论和信号预测理论，同时也提出了信息量的统计数学公式。

1948年，威弗尔在《科学家》杂志上，发表了一篇题为《科学和复杂性》的论文，提出了科学和复杂性理论，并指出科学已解决了两变量的简单性问题和多变量（天文数字）的非组织复杂性问题，但科学还没有触及处于这两类问题之间的中间地带，在这中间地带上存在的问题就是组织复杂性问题，这类问题具有本质的组织特征。威弗尔预示，以计算机为工具的科学家合作团体在20世纪下半叶将为解决生物和社会科学中的组织复杂性问题做出巨大贡献（郭元林，2005）。威弗尔的观点亦为复杂性科学的成立做了理论铺垫。

也在1948年，维纳（2007）出版了《控制论——关于在动物和机器中控制和通讯的科学》（简称《控制论》）一书，从而提出了"控制论"的概念。他的《控制论》有技术学科的色彩，但主要还是研究在动物和机器中控制与通讯的理论问题，属于科学的范围。维纳的《控制论》的内容包括导言和八章，1961年又在此基础上增加了两章。其中，第八章"信息、语言和社会"，集中讨论如何把控制论的观点应用于社会的问题。控制论的基础是反馈调节的概念，系统通过反馈调节维持某一状态或趋向于某一目标。主要研究有目的行为、组织性和整体性，为复杂性科学的成立做出理论铺垫（金吾伦和郭元林，2003）。

1948~1949年，香农在《贝尔系统技术杂志》上先后发表了具有深远影响的论文《通讯的数学原理》和《噪声下的通信》。在这两篇论文中，香农阐明了通信的基本问题，给出了通信系统的模型，提出了信息量的数学表达式，并解决了信道容量、信源统计特性、信源编码、信道编码等一系列基本技术问题。香农和维纳的工作为信息论的创立奠定了坚实的基础（薛飞，2004）。信息论的诞生揭示了不同系统的共同信息联系，对于系统研究具有十分重要的意义，同时也为管理、决策的科学化提供了重要支持。

伴随着这些思想和观点的提出，一些重要的方法及方法论也相继形成，如控制论、信息论、系统论等。

（1）控制论

维纳于1948年出版了《控制论——关于在动物和机器中控制和通讯的科学》一书，他在书中首次提出了"控制论"的概念，并对控制论（Cybernetics）做出了定义：关于动物和机器中控制和通信的科学（戴汝为，2005a）。在书中，维纳的控制论阐述了两个根本观念：第一，一切有生命、无生命系统都是信息系统。无论是机器还是生物，都存在着对信息进行接收、存取和加工的过程。第二，一切有生命、无生命系统都是控制系统。一个系统一定有它的特定输出功能，必须有相应的一套控制机制。

马克思说过，哲学家们只是用不同的方式解释世界，而问题在于改造世界（曲红梅，2009）。系统工程的关键与精髓即是改造世界，而人类改造世界的活动本质上属于控制论的范畴。所谓控制，就是施控者选择适当的控制手段作用于受控者，引起受控者行为状态发生和目的的变化。系统工程是人或其他主体通过对系统物质、信息、能量输入输出控制，对系统结构、关系的控制，进而达到改造系统，优化系统的目的。通过获取受控对象运行状态、环境状况、实际控制效果等信息，控制目标和控制手段都是以信息形式表现并发挥作用的。白箱、灰箱、黑箱等都是在控制论基础上提出的系统控制和建模方法。最优控制，是系统工程的重要目标。反馈控制的思想，贯穿于整个系统工程实践全过程中。可控性，即控制系统状态、系统结构和关系改变的能力，也是描述系统的重要性质之一。

控制论首要的观点是反馈。正反馈与负反馈：如果输出反馈回来放大了输入变化导致的偏差，这就是正反馈；如果输出反馈回来弱化了输入变化导致的偏差，这就是负反馈。控制论的另一个重要观点是信息。控制系统是通过信息的传输、变换和反馈来实现控制的。

（2）信息论

20世纪40年代末，信息论产生，其主要创立者是美国的数学家香农和维纳。而在这之前，哈特莱（R. V. Hartley）的文章已经为信息论的创立奠定了重要基础（肖勇，2001）。1922年哈特莱发表的文章《信息传输》，首先提出消息是代码、符号而不是信息内容本身，使信息与消息区分开来，划定了信息与消息的界限，并提出用消息可能数目的对数来度量消息中所含有的信息量，这为信息论的创立提供了思路。

到了第二次世界大战期间，控制论创始人维纳为了解决防空火力控制和雷达噪声滤波问题，综合运用了他以前几方面的工作，于1942年2月首先给出了从时间序列的过去数据推知未来的维纳滤波公式，建立了在最少均方差准则下将时间序列外推预测的维纳滤波理论和信号预测理论，也提出了信息量的统计数学公式（王辉，2005），因此维纳毫无疑问地成为信息论的创始人之一。

1940年，香农在普林斯顿高级研究所（The Institute for Advanced Study at Princeton）开始思考信息论与有效通信系统的问题。经过8年的努力，香农在1948年6月和10月在《贝尔系统技术杂志》（*Bell System Technical Journal*）上连载发表了具有深远影响的论文《通讯的数学原理》。1949年，香农又在该杂志上发表了另一著名论文《噪声下的通信》。在这两篇论文中，香农阐明了通信的基本问题，给出了通信系统的模型，提出了信息量的数学表达式，并解决了信道容量、信源统计特性、信源编码、信道编码等一系列基本技术问题。这两篇论文成为了信息论的奠基性著作（崔光耀，2003）。

法国物理学家L. 布里渊（L. Brillouin）1956年发表专著《科学与信息论》，从热力学和生命等许多方面探讨信息论，把热力学熵与信息熵直接联系起来，使热力学中争论了一个世纪之久的"麦克斯韦尔妖"的佯谬问题得到了满意的解释（刘杰，2009）。

英国神经生理学家艾什比（W. B. Ashby）1964年发表的《系统与信息》等文章，还把信息论推广应用于生物学和神经生理学领域，也成为信息论的重要著作。

信息论的诞生对于系统研究具有十分重要的意义。运用信息的观点和方法在分析和处理问题时，可以把系统看作是信息的集合体，把系统有目的的运动抽象为一个信息的获取、传送、加工、处理的信息变换过程。它不对事物的整体结构进行剖析，而是从其信息流程加以综合考察，获取关于整体的性能和知识。信息方法的意义就在于它揭示了机器、生物系统的信息过程，揭示了不同系统的共同信息联系。它为管理、决策的科学化提供了重要支持，也指明了信息沟通的重要性。

（3）系统论

系统的存在是客观事实，但人类对系统的认识却经历了漫长的岁月，对简单系统研究得较多，而对复杂系统则研究得较少，直到 20 世纪 30 年代前后才逐渐形成一般系统论。一般系统论来源于生物学中的机体论，是在研究复杂的生命系统过程中诞生的。

20 世纪 20 年代美籍奥地利生物学家冯·贝塔朗菲在对生物学的研究中发现，把生物分解的越多，反而会失去全貌，对生命的理解和认识反而越来越少。因此贝塔朗菲开始了理论生物学的研究，并在 1932 年发表"抗体系统论"，提出了系统论的思想。1937 年，他提出了一般系统论原理，奠定了这门科学的理论基础。1945 年《关于一般系统论》的发表，成为系统论形成的标志。在这本书中，他提出了三个重要观点：第一，要素和系统不可分割。凡系统的组成要素都不是杂乱无章的偶然堆积，而是按照一定的秩序和结构形成的有机整体。第二，系统整体的功能不等于各组成部分的功能之和。在系统论中，1 加 1 不等于 2，这是贝塔朗菲著名的"非加和定律"。第三，系统整体具有不同于各组成部分的新性质或功能。这三个观点日后也成为系统科学的重要思想。真正确立这门科学学术地位的是 1968 年贝塔朗菲发表的专著——《一般系统理论基础、发展和应用》（*General System Theory*：*Foundations*，*Development*，*Applications*），该书也被公认为是这门学科的代表作。

系统论的诞生对于人类认识事物的方法具有历史性的意义。系统方法论主张以系统的观点去看整个世界，不能片面、孤立地看问题。系统论还主张以整体论代替还原论。还原论对事物的层层剖析，弱化了事物各部分间的联系，其整体是部分的简单加和的观点，不利于从总体把握事物，对事物的整体功效认识不清。同时，系统方法论还主张以目的论代替因果论。

在这些方法及方法论的指导下，系统工程实现者开展了大量的系统工程实践，如冯·诺依曼体系结构、"人造地球卫星" 1 号工程、阿波罗工程都是典型的系统工程实践。

（1）冯·诺依曼体系结构

早在 20 世纪 40 年代，冯·诺依曼（John von Neumann）就已预见到计算机建模和仿真技术将对当代计算机技术的发展产生意义深远的影响，其理论的要点是：数字计算机的数制采用二进制，计算机应该按照程序顺序执行。人们把冯·诺依曼的这个理论称为冯·诺依曼体系结构。从 ENIAC 到当前最先进的计算机系统都采用的是冯·诺依曼体系结构。

冯·诺依曼体系结构的主要特点是：第一，计算机处理的数据和指令一律用二进制数表示。第二，顺序执行程序。计算机运行过程中，把要执行的程序和处理的数据首先存入主存储器（内存），计算机执行程序时，将自动地并按顺序从主存储器中取出指令一条一条地执行，这一概念称作顺序执行程序。第三，计算机硬件由运算器、控制器、存储器、输入设备和输出设备五大部分组成。

计算机系统无疑是世界上的复杂系统之一，其计算速度远超人类，计算机系统的成功运行无疑是系统工程思想的一个典范，也为系统工程的应用提供了重要的工具和途径，为一切系统模型的建立和模拟仿真的实现提供了平台。同时为日后钱学森提出的"人机结合""人·网结合"的思想提供了理论和技术基础。在可以预见的将来，冯·诺依曼计算机体系结构必将叱咤风云，独领风骚，为更加聪明的新人类的诞生和发展做出重要贡献。

（2）"人造地球卫星" 1 号工程

苏联于 20 世纪 50 年代中期组织实施的第一颗人造地球卫星工程。主要包括：研制"卫星"号运载火箭，改建拜科努尔发射场，研制卫星本体和卫星携带的科学探测仪器，建立地面观测网。苏联在 1957 年 10 月 4 日成功地发射了世界上第一颗人造地球卫星——"人造地球卫星" 1 号，开创了人类航天的新纪元。

（3）阿波罗工程

美国于 20 世纪 60 年代至 70 年代组织实施的载人登月航天工程，或称阿波罗计划。这一工程的目的是实现载人登月飞行和人对月球的实地考察，为载人行星飞行和探测进行技术准备。除第二次世界大战中的 V-2 工程和曼哈顿计划（它们的规模要小得多），阿波罗工程是人类科学技术史上少有的大型工程系统，它的完成是世界航天史上具有划时代意义的一项成就。

人们在 20 世纪 40 年代以来的大量航天系统工程的研究和实践中，通过适应航天系统的特点逐渐形成了现代航天系统工程方法，它具有以下主要特点：

第一，建立总设计师制度和总体设计机构对航天系统进行系统设计和管理。航天系统和组成它的各大系统通常都设有总设计师和总体设计机构——总体设计部。总体设计部是按航天系统总体要求组织起来的科学家、工程师的常设集体，是工程系统的总体论证和设计机构。航天系统的总体设计部是在 20 世纪 50 年代中期导弹系统的总体设计部基础上发展起来的，它成为航天系统工程的计划领导人对整个航天计划实施科学领导所必不可少的参谋机构。总体设计部在航天系统研制和管理中的重要作用，使人们确认了总体设计机构的概念在现代大系统管理中的地位。

第二，利用管理信息系统对航天系统进行科学的系统管理。航天管理信息系统是在 20 世纪 50 年代军事信息系统基础上发展起来的，由电子计算机管理的高度自动化的航天工程指挥控制系统在 60 年代达到了相当完善的程度，成为一种整体化管理信息系统，同时指挥着上万人甚至几十万人的活动。

第三，采用系统仿真技术对航天系统进行系统分析和评价。从航天系统的初始概念设计到系统研制和使用，不同型式的仿真得到了广泛应用，以实现事前的工程分析、可靠性分析和技术经济综合评价等。例如，在阿波罗工程中应用电子计算机进行各种仿真，确保了各项试验研究准确地按期完成，终于在 1969 年 7 月 16 日通过"阿波罗"11 号飞船把 3 名宇航员送到月球并安全返回地面。

除了这些技术和方法，在航天系统工程的实践中，还进一步完善和发展了计划协调技术（PERT）、质量控制技术等①。

一般系统论要求用整体的、联系的思维方式分析和研究事务，同时注重各种系统的一般规律，如工程系统、管理系统、人体系统等，寻找它们之间一致性和同型性，确立了适用于系统的一般原则，提出一般系统或子系统的模型、原理和规律，为解决各种系统问题提出了新的思路和方法。但是，限于当时的时代背景，一般系统论更多地从定性方面阐述和解决问题，缺少定量方法支撑。

2. 非线性科学中的系统工程思想

经历了 20 世纪中叶，系统论、控制论、信息论、运筹学等早期系统思想的爆发性发展之后，随着生产规模的不断扩大，生产技术的日趋复杂，人们开始面临各种更加复杂的研究对象。在探索自然和社会的复杂性过程中，人们在不同领域中，都发现了大量复杂系统内部的非线性作用。20 世纪 70 年代，西方相继提出了包括耗散结构理论、协同学在内的自组织思想以及序参量、突变、混沌、分形等众多新概念，从物质运动中的物理运动、化学运动等简单形式中总结推广到适用于一般系统的运动演化规律。不同理论都表明，不同系统的子系统从无序走向有序转变过程中具备相似性，由新结构代替旧结构的质变行为，在机理上同样有相似性，体现了物质统一性的思想。社会事务从非稳定态向稳定态变化，是客观世界运动变化的一种普遍趋势。同时，这一时期，还打破了整体与部分之间的隔膜，通过整体与部分之间具有相似性，证实了客观物质世界部分与整体之间的辩证关系，找出了部分过渡到整体的媒介和桥梁，使人们对整体与部分之间关系的认识由线性发展到非线性，并揭示了整体与部分之间多层面、多维度、全方位的联系方式。整体而言，在对复杂系统非线性作用的研究基础上，这一时期进一步深化与丰富了世界普遍联系和世界统一性的原理。

19 世纪，蒸汽机的发明和应用，促进了热力学和统计物理学的发展，

---

① http：//baike. baidu. com/link？ url = 12Eae70CgrsZrNS6OH9B102obt3w23Yyz3e309ckFM‐UfGxNjkmqJU‐VQleRnaiui

热力学两大定律分别描述了能量守恒和能量传递方向的规律。热力学第二定律表明，一个孤立的系统，会向均匀、简单、消除差别的方向发展，这实质上是一种趋向于低级运动形式的退化。克劳修斯认为这一理论可以推理得出，宇宙万物最终将发展到一种均匀状态，各处温度、压强均匀，物理差别不复存在，出现"宇宙热寂"现象。而这种"退化"现象与进化论之间，是相互矛盾的。为了解决这一矛盾问题，比利时自由大学教授普里戈金通过研究原始的相对无序、对称、低级组织，自发地形成相对有序的高级组织。普里戈金于 1969 年在一次"理论物理学和生物学"的国际会议上正式提出"耗散结构论"。耗散结构论来源于物理、化学研究，即有序结构的形成和维持需要耗散能量和物质，因此，普利戈金把这类结构称为耗散结构。而耗散结构理论就是研究耗散结构的形成、稳定、演化及其他性质。后来，普里戈金等把来源于自然科学的耗散结构理论、非平衡态物理学推广应用于研究经济、社会、文化等问题，取得很好的成果（金吾伦，2003）。耗散结构理论是主要揭示物质进化过程的理化机制的不可逆过程的理论。耗散结构的各种形成条件包括外界物质能量输入、涨落、有序现象以及正反馈效应、非线性作用等，对于更加透彻地认识和理解现实世界中的各种系统的形成、发展和演化趋势都具有重要意义。同时，该理论中还包含了整体与局部、平衡与非平衡转化思想，通过"熵"流控制系统，是对控制论和信息论的拓展。

1969 年，美国著名系统工程专家霍尔提出了系统工程三维结构，细分了系统工程活动过程的阶段和步骤，形成时间维、逻辑维和知识维的三维结构，为解决大型复杂系统规划、组织、管理问题提供了一种统一的思想方法。

同样在 1969 年，联邦德国著名理论物理学家赫尔曼·哈肯提出了协同学，并通过类比各种系统发生质变过程中的共同规律，在 1973 年创立"协同论"。协同学研究有序结构形成和演化的机制，描述各类非平衡相变的条件和规律（潘旭明，2008）。包括流体系统、化学系统、生态系统、经济系统、人口系统、管理系统等要素之间的竞争与合作，形成整体的自组织行为。通过在千差万别的各学科领域中确定系统组织赖以进行的自然规律，最终发现了在宏观系统发生质变的分支点附近慢变量支配快变量的普遍原理。协同学从物理学和化学系统出发，研究贝纳德流体和激光等非平衡相变，阐明系统中子系统如何协同作用形成有序结构。与耗散结构理论相比，协同学提出了有组织与自组织的不同概念，同时得出了通过控制慢参量控制系统的思路，其类比的方法也值得借鉴，而其从整体上把握有序度的看法更具系统理念，充满辩证与物质统一性思想（庞元正，1989）。

传统的物理学都在研究各种稳定渐变连续的渐变过程，然而，在自然界和人类社会中还存在着许多跳跃式不连续的突然变化的瞬间过程。1972年法国数学家雷内·托姆在《结构稳定性和形态发生学》一书中，明确地阐明了突变理论（颜士州，2011）。突变理论通过探讨客观世界中不同层次上各类系统普遍存在着的突变式质变过程，揭示出系统突变式质变的一般方式，说明了突变在系统自组织演化过程中的普遍意义；它突破了牛顿单质点的简单性思维，揭示出物质世界客观的复杂性。同时突变论用拓扑学方法"去伪存真"，实际上是为突变现象提供了一个数学模型，保留了突变现象中的共性，体现了一定范围内突变现象遵循的普遍原则，可以对系统未来可能的突变进行预测，并控制突变的发生（雷内·托姆，1992）。

混沌的研究，深刻揭示了有序和无序的对立统一。有序来自混沌，又可以产生混沌；混沌来自有序，又可以产生新的有序。有序不是绝对的有序，而是有一定的有序度，它内部包含着产生混沌的条件和固有因素；混沌也不是绝对无序，更不是单纯的混沌，它包含着各种复杂的有序因素。宇宙演化也是遵循着混沌—有序—新的混沌—新的有序。这样循环往返，周而复始地向前发展（高靖生，2007）。混沌是有序之源和信息之源。

1973年，美国 IBM 公司数学家曼德布罗特（B. B. Mandelbrot）在法兰西科学院讲学时首次提出了分维和分形的设想。分形表示组成部分以某种方式与整体相似的形体，分形的自相似性反映了自然界中一类物质的局部与局部、局部与整体在形态、功能、信息、时间与空间等方面的具有统计意义上的相似性（胡援，2003）。分形从相似的角度研究系统，为自然、社会中非规则复杂系统，开辟了新的研究视角。为探讨自然界的复杂事物的客观规律及内部联系，提供了新的概念和方法。对于人们探索复杂事物局部与整体的关系、复杂系统的层次性、自相似结构具有重要意义。

1978 年，社会控制论在第 4 届国际控制论和系统大会上被提出，即用控制论方法研究社会系统的学科。用社会控制论作为一种辅助的工具来研究社会系统的某些侧面，有助于发现社会系统的某些具体规律，从而进行社会预测，为决策者提供决策依据①。

1981 年，切克兰德（P. B. Checkland）提出了"调查学习"模式。该方法通过"比较"和"学习"代替"最优化"，解决了用系统方法应用于社会经济等软系统产生的诸多问题，形成了适用于包含有大量的社会、政治以及人为活动因素的任何复杂的、组织化的情境和问题的软系统方法，体现了系统工程价值观方面的重要变化（高志亮，2005）。

在这个时期，也形成了一些重要的方法及方法论，如耗散结构论、突变论、协同论、霍尔"三维结构"、切克兰德的"调查学习"模式、社会控制论等。

（1）耗散结构论

耗散结构论于 1969 年由普里戈金在一次"理论物理学和生物学"的国际会议上正式提出。其主要内容是一个远离平衡态的开放系统（无论是力学、生物系统，还是社会、经济系统），当外界条件或系统的某个参量变化到一定临界值时，通过涨落发生突变，就有可能从原来的混沌无序状态转变为一种时间、空间或功能有序的新状态。这种远离平衡态的宏观有序结构，需要不断地与外界交换物质和能量，以能形成和维持新的稳定结构。这种需要耗散物质和能量的有序结构被普里戈金称为耗散结构，系统在一定条件下自发地产生的组织性和相干性被称为自组织（普里戈金，1987）。而对稳定性与分岔理论的研究，实际已经将系统研究范畴正式带入了非线性作用和复杂性系统问题的研究领域。

耗散结构理论在解决上述提出的两种理论矛盾的同时，区分出了孤立

---

① http：//baike. baidu. com/link？ url ＝ 14B8KeZsjGPQZtXbClFPTifn2zCWMtXhSEwsr62hmc6　bgHpdXnFTB-pz6B0rV0iVl

系统与开放系统的差异。实质上，现实中人类所接触到的各种系统基本都是呈耗散结构的开放系统。孤立系统必然走向无序，而任何有序系统的创建和优化都必须依靠系统外界物质、能量的输入，因此，也可以依靠控制外界物质能量的输入控制系统状态变化；各种无序、混乱状态的低级系统，可以在一定条件下，形成有序的高级系统，实现整体大于部分之和。在宏观稳定的系统中，内部实际物理量并不能精确地处于平均值，而是存在偏差即涨落，当系统处于稳定状态时，涨落是一种干扰，当系统处于不稳定的临界状态时，涨落引起系统从不稳定状态跃迁到新的稳定状态。因此，对复杂系统状态的认识和调控，可以通过涨落来完成。

它的意义在于耗散结构理论把我们带到了一个无限广阔的思维空间，揭开了关于我们自己的身体、社会和宇宙演化的序幕。普里高津认为这一整套理论，是理解进化运动的关键所在[①]。

（2）突变论

1972 年法国数学家雷内·托姆在《结构稳定性和形态发生学》一书中，明确地阐明了突变理论。突变论的研究重点是在拓扑学、奇点理论和稳定性数学理论基础之上，通过描述系统在临界点的状态，来研究自然多种形态、结构和社会经济活动的非连续性突然变化现象。突变理论通过探讨客观世界中不同层次上各类系统普遍存在着的突变式质变过程，揭示出系统突变式质变的一般方式，说明了突变在系统自组织演化过程中的普遍意义；它突破了牛顿单质点的简单性思维，揭示出物质世界客观的复杂性。

突变论将自然界和人类社会中任何一种运动状态划分为稳定态与非稳定态，提出在微小的偶然扰动因素作用下，非稳定态会迅速离开原有状态。由于偶然的微型扰动不可避免，因此，非稳定态不能固定保持，会不断变动直到形成稳定态。进而，得出社会事物从非稳定态向稳定态变化，是客观世界运动变化的一种普遍趋势的基本思想（雷内·托姆，1992）。

（3）协同论

"协同论"由联邦德国著名理论物理学家赫尔曼·哈肯在 1973 年创

---

① http：//baike. baidu. com/link? url = aHwHbnfaMro_ kaWlTuU3plPxWt1 _ RdquQuYDNH6NQIUHovOjEQ3 lbbUYvR7bEKik

立。自然界是由许多系统组织起来的统一体，这许多系统就称为小系统，这个统一体就是大系统。在某个大系统中的许多小系统既相互作用，又相互制约，它们的平衡结构，而且由旧的结构转变为新的结构，则有一定的规律，研究本规律的科学就是协同论。哈肯发现，不同的系统的子系统从无序向有序转变过程中，呈现出非常相似的行为；同时，发现平衡系统在临界点上所发生的相变或类似相变的行为与平衡态相变类似。因此，认为"一旦解决了一个领域的问题，它的结果就可以推广到另一个领域。一个系统可以作为另一个领域的模拟计算机"。协同学中关于有序与无序、快变量与慢变量等的认识，充满了辩证统一的观点和认识。

系统从无序到有序的过程中，不管原先是平衡相变，还是非平衡相变，都遵守相同的基本规律，即协调规律。它的重要价值在于既为一个学科的成果推广到另一个学科提供了理论依据，也为人们从已知领域进入未知领域提供了有效手段。另外，对于创新工作极为重要是将这一规律运用到创造性思维中，学会寻求思维系统的有序量，使其思维系统有序化，从而达到创新工作的有序，自然就会形成一系列有序的、协调的思维方法与艺术。协同学的数学抽象性和普适性程度要高于耗散结构理论，它可推广应用于社会科学的研究范围，如舆论形成、人口动力学、投资模型、经济模型、经济系统的分析、社会管理以及战争与和平等问题。

协同学的思想认为，无论是从无生命系统到有生命系统，还是从自然系统到社会系统，系统中的粒子运动相关程度很高，系统从无序到有序，或从一种有序结构到另一种有序结构，都存在一个或几个序参量，对整个系统可以产生支配作用，辨识这些序参量就抓住了问题的主要矛盾，从而简化系统。

他提出，虽然系统的性质不同，但是由新结构代替旧结构的质变行为，在机理上却有相似甚至相同之处，体现了物质统一性的思想。同时，不同的系统中都存在无序与有序的矛盾。有序和无序在一定条件下的对立统一形成系统一定的秩序。有序度是一个宏观整体概念，对于系统内的某一个粒子、要素或子系统来说，无有序度的概念。序参量的大小代表了系统在宏观上的有序度。当系统处于完全无规则的混乱状态时，子系统之间联系很弱，而各子系统的相对独立性占主导地位，总体序参量值为零。当系统达到临界区域时，子系统间的想干作用产生的协同作用占主导地位，序参量呈指数型增长并很快达到某一"饱和值"，在临界点上系统发生突变。

通过快变量和慢变量，区分不同系统中的主要因素和次要因素、偶然因素和必然因素、暂时作用因素和长远作用因素，提出慢变量是主宰系统最终结构和功能的有序度的序参量。体现着抓住主要矛盾，解决问题的思想①。

（4）硬系统方法：霍尔"三维结构"

在大量工程实践的基础上，美国著名系统工程专家霍尔，基于"任何复杂问题都可以归结为工程问题来研究，它强调明确目标，其核心思想是优化，应用定量的手段求得最优解"的思想，于1969年提出了系统工程三维结构。霍尔三维结构是将系统工程整个活动过程分为前后紧密衔接的七个阶段和七个步骤，同时还考虑了为完成这些阶段和步骤所需要的各种专业知识和技能。这样，就形成了由时间维、逻辑维和知识维所组成的三维空间结构。其中，时间维表示系统工程活动从开始到结束按时间顺序排列的全过程，分为规划、拟定方案、研制、生产、安装、运行、更新七个时间阶段。逻辑维是指时间维的每一个阶段内所要进行的工作内容和应该遵循的思维程序，包括明确问题、确定目标、系统综合、系统分析、优化、决策、实施七个逻辑步骤。知识维是指在完成上述各种步骤所需要的各种专业知识和管理知识，包括科学学、工程技术、经济学、法律、数学、管理科学、环境科学、计算机技术等方面的知识。三维结构体系是工程化理论的基础，体现了系统工程方法的系统化、最优化、综合化、程序化、标准化的特点，形象地描述了系统工程研究框架，对其中任一阶段和每一个步骤，又可进一步展开，形成分层次的树状体系，为解决大型复杂系统规划、组织、管理问题提供了一种统一的思想方法②。

---

① http：//www.fjxlx.cn/Article/ShowArticle.asp？ArticleID=743

② http：//baike.baidu.com/link？url=INc1sVTTH7IxMeEiEUiytLbCrt_ FAdjtoz95yrG-10Qv5LwDTgReKPA6Y3yak7ySDq8_ cN3CiUOicKUKjrvHKa

（5）软系统方法：切克兰德的"调查学习"模式

20 世纪 70 年代以来，系统工程越来越多地用于研究社会经济发展战略和组织管理问题，涉及的人、信息和社会等因素相当复杂，使得系统工程的对象系统软化，并导致其中的许多因素又难以量化。从 70 年代中期开始，许多学者在霍尔方法论基础上，进一步提出了各种软系统工程方法论。80 年代中前期由切克兰德（P. B. Checkland）提出的方法比较系统且具有代表性。切克兰德认为完全按照解决工程问题的思路来解决社会问题或"软科学"问题，会碰到许多困难，尤其在设计价值系统、模型化和最优化等步骤方面，有许多因素很难进行定量分析。切克兰德方法论的核心不是"最优化"，而是"比较"或者说是"学习"，从模型和现状的比较中来学习改善现状的途径。"比较"这一步骤，含有组织讨论、听取各方面有关人员意见的意思，不拘泥于非要进行定量分析的要求，能更好地反映人的因素和社会经济系统的特点。切克兰德方法论用概念模型代替数学模型，使得思路更加开阔。另外用满意解代替最优解，体现了系统工程价值观方面的重要变化。[①]

（6）社会控制论

1978 年，在第 4 届国际控制论和系统大会上讨论了控制论和社会的关系，提出了社会控制论。社会控制论（sociocybernetics），即用控制论方法研究社会系统的学科，是控制论的一个分支。天然生命体是大自然几十亿年来在无数偶然事件中逐渐积累进化而形成的高级自组织系统，社会则是在人脑创造性信息选择条件下构成的高级自组织系统。有的社会系统表面上好像是没有目的的，但它可以通过社会选择来寻求自己的目的。在社会系统中存在着自学习的功能。社会控制论的诞生，使人们能深刻地认识到社会系统的奥秘，表明人类创造社会文明已上升到理论上的自觉性阶段。在马克思主义历史唯物主义的指导下，用社会控制论作为一种辅助的工具来研究社会系统的某些侧面，有助于发现社会系统的某些具体规律，从而进行社会预测，为决策者提供决策依据。

---

① http：//baike. baidu. com/link？ url＝uekJCBeTz2dWIbLmaQWMHyVBvgRGCtpi_ MjBOQist0Np JeUtRvQEWw6r-6uNlpBsWI6LFQdXEqnAPaJSR7VonK

伴随着信息技术等现代科学技术的高速发展，一些支撑系统工程研究和实践的工具和技术，如专家系统、决策支持系统等也相继产生，进一步推动了系统工程的发展。[1]

（1）专家系统（expert system）

专家系统是根据人们在某一领域内的知识、经验和技术而建立的解决问题和做决策的计算机软件系统，它能对复杂问题给出专家水平的结果。专家系统属于人工智能的一个发展分支，它的研究目标是模拟人类专家的推理思维过程。一般是将领域专家的知识和经验，用一种知识表达模式存入计算机，系统对输入的事实进行推理，做出判断和决策。

专家系统的发展已经历了三个阶段，正向第四代过渡和发展。第一代专家系统（DENLDRA 和 MACSMA）的出现，标志着专家系统的诞生。它们以高度专业化、求解专门问题的能力强为特点。但在体系结构的完整性、可移植性等方面存在缺陷，求解问题的能力弱。其中，DENLDRA 为推断化学分子结构的专家系统，1968 年由专家系统的奠基人、斯坦福（Stanford）大学计算机系的费根鲍姆（Feigenbaum）教授及其研究小组研制。MACSMA 为用于数学运算的数学专家系统，由麻省理工学院完成。第二代专家系统（MYCIN、HEARSAY、PROSPECTOR、CASNE 等）属单学科专业型、应用型系统，其体系结构较完整，移植性方面也有所改善，而且在系统的人机接口、解释机制、知识获取技术、不确定推理技术、增强专家系统的知识表示和推理方法的启发性、通用性等方面都有所改进。第三代专家系统属多学科综合型系统，采用多种人工智能语言，综合采用各种知识表示方法和多种推理机制及控制策略，并开始运用各种知识工程语言、骨架系统及专家系统开发工具和环境来研制大型综合专家系统（王亚南，2006）。

在总结前三代专家系统的设计方法和实现技术的基础上，已开始采用大型多专家协作系统、多种知识表示、综合知识库、自组织解题机制、多学科协同解题与并行推理、专家系统工具与环境、人工神经网络知识获取

---

[1] http：//baike. baidu. com/link？url＝7kK32e1TEhzzyJlc0jk32fcNOecPO2plYevvijwM－gXMI0lV4IBDLwv 5SU6BXJ2d

及学习机制等最新人工智能技术来实现具有多知识库、多主体的第四代专家系统（王亚南，2006）。通过 20 世纪 70 年代至 80 年代的发展，专家系统被广泛地应用于医学、地质勘探、石油天然气资源评价、数学、物理学、化学的科学发现以及企业管理、工业控制、经济决策等方面。进入 80 年代，专家系统研究走出了大学和研究机关而广泛地进入产业界[①]。

（2）决策支持系统（decision support system）

决策支持系统是辅助决策者通过数据、模型和知识，以人机交互方式进行半结构化或非结构化决策的计算机应用系统。它是管理信息系统向更高一级发展而产生的先进信息管理系统。它为决策者提供分析问题、建立模型、模拟决策过程和方案的环境，调用各种信息资源和分析工具，帮助决策者提高决策水平和质量。

决策支持系统的概念是在 20 世纪 70 年代提出的，并在 80 年代获得发展。70 年代中期，由美国麻省理工学院的米切尔·S. 斯科特（Michael S·Scott）和彼德 G. W. 基恩（Peter G. W. Keen）首次提出了"决策支持系统"一词，标志着利用计算机与信息支持决策的研究与应用进入了一个新的阶段，并形成了决策支持系统新学科。计算机应用技术的发展为 DSS 的发展提供了物质基础。

20 世纪 80 年代初，斯派奇（R. H. Sprague）提出决策支持系统应用具有以下主要特征：①数据和模型是决策支持系统的主要资源；②决策支持系统主要是解决半结构化及非结构化问题；③决策支持系统是用来辅助用户作决策，但不是代替用户；④决策支持系统的目的在于提高决策的有效性而不是提高决策的效率。

人工智能的发展，导致许多高效率的系统工程算法和软件出现。例如，已有线性规划、非线性规划、动态规划、排队排序、库存管理、计划协调技术/关键路线法、计划协调实时控制、系统建模、实时模拟、作战模拟、决策支持系统、决策室等成套应用软件和完整的系统作为商品出售。系统工程采用网络技术并配以大屏幕图形显示和实时控制系统，可以

[①]　http：//www. baike. com/wiki/% E4% B8% 93% E5% AE% B6% E7% B3% BB% E7% BB% 9F

显示全部或局部网络，还可以实时地用光笔修改，经计算机网络把修改过的网络计划传送给各个执行单位。这种系统是上级部门进行决策和指挥协调的有力工具。[①]

（3）瀑布模型（waterfall model）

1970年温斯顿·罗伊斯（Winston Royce）提出了著名的"瀑布模型"，直到80年代早期，它一直是唯一被广泛采用的软件开发模型。

瀑布模型是最早出现的软件开发模型，在软件工程中占有重要的地位，它提供了软件开发的基本框架。瀑布模型核心思想是按工序将问题化简，将功能的实现与设计分开，便于分工协作，即采用结构化的分析与设计方法将逻辑实现与物理实现分开。它将软件生命周期划分为制定计划、需求分析、软件设计、程序编写、软件测试和运行维护等六个基本活动，并且规定了它们自上而下、相互衔接的固定次序，如同瀑布流水，逐级下落。其过程是从上一项活动接收该项活动的工作对象作为输入，利用这一输入实施该项活动应完成的内容给出该项活动的工作成果，并作为输出传给下一项活动。同时评审该项活动的实施，若确认，则继续下一项活动；否则返回前面，甚至更前面的活动。从本质来讲，它是一个软件开发架构，开发过程是通过一系列阶段顺序展开的，从系统需求分析开始直到产品发布和维护，每个阶段都会产生循环反馈，开发进程从一个阶段"流动"到下一个阶段，这也是瀑布开发名称的由来。[②]

（4）V模型

V模型是软件开发过程中的一个重要模型，如图4-1所示，称为快速应用开发模型。其模型构图形似字母V，所以又称V模型。它通过开发和测试同时进行的方式来缩短开发周期，提高开发效率。可以说，V模型是软件开发测试中最重要的一种模型。V模型大体可以划分为下面几个不同的阶段步骤，即需求分析、概要设计、详细设计、编码、单元测试、集成测试、系统测试、验收测试。

---

① http://baike.baidu.com/link? url = kQyAyKpYilAxWT4J4kMUhYC4grvobPeKuROtvbDLiudiTclfcNMTJ3A73p0 y6x9F

② http://wiki.mbalib.com/wiki/% E7% 80% 91% E5% B8% 83% E6% A8% A1% E5% 9E% 8B

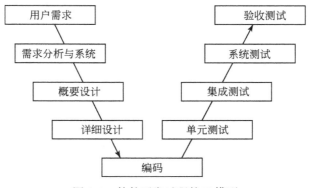

图 4-1　软件开发过程的 V 模型

在这些方法及方法论的指导下和技术工具的支持下，美国航天飞机工程、罗马俱乐部的《增长的极限》等系统工程实践相继发生①。

（1）美国航天飞机工程

美国航天飞机工程是由美国国家航空航天局提出并组织实施的世界上第一个多次使用的大型航天器的工程，也是 20 世纪 70~80 年代系统工程在工程领域的重要实践。航天飞机工程的主要内容包括：研制航天飞机系统，选择并建设发射场和着陆场，确定固体火箭助推器的回收方案，建设助推器的修复设施，改造和扩建测控系统。

20 世纪 60 年代末，"阿波罗"工程开支浩大，在美国国内引起了许多非议。于是美国在 1969 年初成立了一个专门研究载人航天下一阶段发展方向的小组，由副总统领导。这个小组经过调查研究，建议发展空间运输系统，首先研制一种经济效益高的飞行器，即航天飞机作为这个系统的支柱。1969 年 4 月，美国国家航空航天局设立了一个航天飞机技术指导委员会，下设 7 个技术组：操作、维护和安全组，集成电子学组，结构和材料组，推进组，空气热力学和结构外形验证组，动力学和气动弹性力学组，生物组。这些技术组针对航天飞机的需要，制定了专业发展计划，将预先研究课题分别委托给美国国家航空航天局的 8 个研究中心和 100 多家企业。

---

① http：//baike. baidu. com/link？ url ＝ smt4W ＿ snoFrgxwDhrqU8Flt ＿ dldnb4XIvDwNhU5nXiOKxF8NuEMff WhRiJn2BeaF

承担任务的科学家和工程技术人员达到 3000 多人。这些计划于 1973 年完成，耗资 1.46 亿美元，其成果大约有一半被航天飞机最终方案所采纳。

1969 年和 1970 年航天飞机的两个方案先后被提出。两个方案都把助推器和轨道器设计成为可重复使用的，航天员分别乘在助推器和轨道器上。虽然这种全部重复使用的方案节约器材设备，在使用阶段具有较高的经济效益，但其研制费用太大。为了不超过 51.5 亿美元的国家拨款限额，美国国家航空航天局保留了轨道器可重复使用 100 次的方案，而修改了助推器的方案，将其在结构上拆分为一次性的独立的外贮箱和可回收重复使用 20 次的无人驾驶固体火箭助推器。1972 年航天飞机进入全面工程研制阶段。航天飞机的研制计划中规定制造 5 架轨道器，分别命名为："开拓"号、"哥伦比亚"号、"挑战者"号、"发现"号和"阿特兰蒂斯"号。整个计划分两个阶段进行。第一阶段用"开拓"号和"哥伦比亚"号进行地面试验、进场和着陆试验以及研制性飞行试验。第二阶段是生产阶段，继续完成后 3 架轨道器的生产，直接投入商业性飞行。总周期预计约需 7 年。航天飞机计划完成后，每年可安排飞行 60 次[①]。

航天飞机工程的另一重要项目是选择适用的发射场和着陆场。1971 年 4 月，组成航天飞机发射和回收小组从事这项工作。最后确定把肯尼迪航天中心作为航天飞机的发射场和着陆场，爱德华兹空军基地作为备用着陆场。随后对发射场和着陆场进行了改建和扩建，建设了固体火箭助推器的修复设施，改造了发射操作和地面保障设备，扩充和完善了航天测控系统[②]。

1977 年 2 月，"开拓"号轨道器开始在爱德华兹空军基地进行进场和着陆试验。试验时把轨道器固定在波音 747 飞机上面，先作滑行试验，再作不载人和载人的系列飞行试验，轨道器随母机一起起飞、下滑和着陆。最后进行轨道器的载人自由飞行试验。轨道器由波音 747 母机载上天后，

---

① 谢佐慰. 中国大百科全书数据库·"哥伦比亚"号航天飞机货舱·http：//dbk2. chinabaike. org/indexengine/entry_ browse1. cbs？ db＝book1&value＝％ C3％ C0％ B9％ FA％ BA％ BD％ CC％ EC％ B7％ C9％ BB％ FA％ B9％ A4％ B3％ CC&picName＝％ A1％ B0％ B8％ E7％ C2％ D7％ B1％ C8％ D1％ C7％ A1％ B1％ BA％ C5％ BA％ BD％ CC％ EC％ B7％ C9％ BB％ FA％ BB％ F5％ B2％ D5

② 中国载人航天工程网·2008，航天飞机概述·http：//www. cmse. gov. cn/know/show. php？ itemid＝73

在约 7 千米高度脱离母机，自行进场和着陆。自 1981 年 4 月 12 日到 1982 年 7 月 4 日，"哥伦比亚"号航天飞机的轨道器成功地完成了 4 次研制性飞行试验。后根据资金状况和试验情况将"哥伦比亚"号改造为正式的实用机参与商业性飞行。至此航天飞机的研制工作正式结束①。

　　航天飞机工程历时约 12 年，耗资 150 多亿美元，是一项十分浩大的系统工程。其所运用的系统工程方法主要包含以下几点：第一，航天飞机工程涉及电子、材料、力学、生物等众多科学领域，系统复杂，采用新技术多。在航天飞机的预研阶段，航天飞机技术指导委员会通过对下设 7 个技术组的有效组织和协调，将众多跨学科的复杂技术进行综合集成和整体设计，为航天飞机提供了系统的技术支持。第二，整个工程是由政府机构、工业企业和高等院校的庞大队伍合作，并靠国外一些组织的协助，运用科学的管理方法，对任务进行分解并按照严格的分工和进度分阶段组织实施的。借助管理信息系统的帮助，对航天飞机的整个研制阶段进行科学地有序地整体管理，保障上万人的队伍能够按时保质的完成阶段任务。第三，综合考虑经济效益、研究经费、功能效用、参数指标等各方面的综合效用，通过牺牲个别局部利益和指标，寻求各个部分之间的平衡，最终谋求航天飞机的整体最优方案。其中，推进器方案的修改和"哥伦比亚"号的改造凸显了这一点。通过对部分设计功能的放弃和对原定方案的修改，大幅度降低研制成本，用尽量少的资金实现了最大的效用。第四，采用系统仿真技术对航天飞机系统进行系统分析和评价。从航天飞机的初始概念设计到系统研制和使用，不同形式的仿真得到了广泛应用，以实现事前的工程分析、可靠性分析和技术经济综合评价等，确保了各项试验研究准确地按期完成。

　　虽然航天飞机在设计和决策上存在一些失误，但就整个工程来说，航天飞机充分利用了人类发展史上各学科各领域内的成熟的先进技术，不能

---

　　① 谢佐慰．中国大百科全书数据库．"哥伦比亚"号航天飞机货舱．http：//dbk2．chinabaike．org/indexengine/entry_ browse1．cbs? db＝book1&value＝% C3% C0% B9% FA% BA% BD% CC% EC% B7% C9% BB% FA% B9% A4% B3% CC&picName＝% A1% B0% B8% E7% C2% D7% B1% C8% D1% C7% A1% B1% BA% C5% BA% BD% CC% EC% B7% C9% BB% FA% BB% F5% B2% D5

否认是一项伟大的系统工程。这一工程为人类开展大规模航天活动提供了经济实用的工具，并使航天技术发展到一个新的阶段，成为航天史中的一个重要里程碑①。

（2）罗马俱乐部的《增长的极限》

"现今对于自然资源和服务的占用早已超出了地球的长期承载能力……如果地球上的每个人都享受与北美同样的生活标准，那么在目前技术水平下我们就需要3个地球来满足总的物质需求……为了可持续地适应未来40年人口和经济产出的预期增长，我们就需要另外6到12个星球。"——《增长的极限》

《增长的极限》是罗马俱乐部于1972年发表的第一份研究报告。报告第一次提出了地球的极限和人类社会发展的极限的观点，它指出人类生态足迹的影响因子已然过大，生态系统反馈循环已经滞后，其自我修复能力已受到严重破坏，若继续维持现有的资源消耗速度和人口增长率，人类经济与人口的增长只需百年或更短时间就将达到极限。报告呼吁人类转变发展模式：从无限增长到可持续增长，把增长限制在地球可以承载的限度之内，并设计了"零增长"的对策性方案（丹尼斯·米都斯等，2006）。它引起了公众的极大关注，并在全世界挑起了一场持续至今的大辩论。时至今日，《增长的极限》历经三次改版，被译成三十多种语言，发行量数千万册，已经成为系统思维的典范之作。

《增长的极限》源自1970～1972年罗马俱乐部委托麻省理工学院斯隆管理学院系统动力学小组做的研究项目。这个由丹尼斯·米都斯（Dennis L. Meadows）领导的项目组以World Ⅲ计算机模型为基础，使用系统动力学原理对世界人口和实物经济增长的原因及其导致的后果进行了分析，得出了内在逻辑一致的世界发展情形，并提出了这样一些问题：目前的政策将导致一个可持续的未来还是走向崩溃？该怎么做才能创造一个能为所有人提供充足所需的人类经济？

在1972年的第一版中，项目组将与增长有关的数据和理论整合起来，

---

① 世界六大航天飞机. http：//news. xinhuanet. com/mil/2013-06/04/c_ 124811561. htm

公布并分析了从 World Ⅲ 模型中得出的 12 种模拟场景（在第二版中增加为 14 个），显示了 1900～2100 年这 200 年间世界发展的各种不同的可能模式。这 12 种模拟场景描绘了人口增长和自然资源使用增加是如何在各种限制下相互作用的。研究小组发现，在这些模拟场景中，人口和物质资本的扩张会逐渐迫使人类拿出越来越多的资本去应对那些由一系列约束产生的问题。最终，由于太多的资本被用于解决这些问题而不足以支撑工业产出的持续增长。当工业出现下降时，社会也就无法支撑其他经济部门（粮食、服务和其他消费）的更多产出。当这些部门都不再增长时，人口增长也将终结。而在 World Ⅲ 对现实的每一个模拟场景中，这些增长的终结都将在 21 世纪的某个时间发生。增长的极限则表现为日趋枯竭的自然资源和地球有限的吸收工业和农业废弃物排放的能力。由此，项目组得出结论并发出警告：全球生态约束（与资源使用和废弃物排放有关）将对 21 世纪的全球发展产生重要影响，人类将不得不付出更多的资本和人力去打破这些约束。书中还呼吁通过技术、文化和制度上重大、前瞻和社会性的创新来避免人类生态足迹的增加超出地球的承载能力（丹尼斯·米都斯等，1997）。

总结而来，书中观点主要有三个：其一，增长是存在着极限的，这主要是由于地球的有限性造成的。全球系统中的五个因子是按照不同的方式发展的，人口、经济是按照指数方式发展的，属于无限制的系统；而人口、经济所依赖的粮食、资源和环境却是按照算术方式发展的，属于有限制的系统。这样，人口爆炸、经济失控，必然会引发和加剧粮食短缺、资源枯竭和环境污染等问题，这些问题反过来就会进一步限制人口和经济的发展。其二，反馈回路使得全球性问题成为一个复杂系统。全球系统的五个因子之间存在的反馈回路，它联结一个活动和这个活动对周围状况产生的效果，而这些效果反过来又作为信息影响下一步的活动。在这种回路中，一个因素的增长，将通过刺激和反馈连锁作用，使最初变化的因素增长的更快。全球系统无节制地发展，最终将向其极限增长，并不可避免地陷于恶性循环之中。其三，全球均衡状态是解决全球性问题的最终出路。他们认为改变这种恶性增长的趋势和建立稳定的生态和经济的条件，以支撑遥远未来是可能的。这种行动开始的越早，成功的可能性就越大（张讯，2009）。纯粹技术上的、经济上的或法律上的措施和手段的结合，不可能带来实质性的改善，唯一可行的办法是："需要使社会改变方向，向均衡的目标前进，而不是以往的增长"。这样，全球均衡状态就成为了解决全球性问题的综合对策。

虽然《增长的极限》只是一部著作，但是罗马俱乐部在其中把全球看成是一个整体，提出了各种全球性问题相互影响、相互作用的全球系统观点，并且全面动态地揭示了世界系统的基本结构以及资源、人口、经济等全球要素间的影响方式和作用机理。它应用世界动态模型从事复杂的定量研究，并极力倡导从全球视角入手解决人类重大问题的思想方法。这些新观点、新思想和新方法，表明了人类已经开始站在新的、全球的角度来认识人、社会和自然的相互关系。它所提出的全球性问题和它所开辟的全球问题研究领域，标志着人类已经开始综合地运用各种科学知识，系统地解决那些最复杂并属于最高层次的问题。在罗马俱乐部的影响下，美、英、日等13个发达国家也先后建立了本国的"罗马俱乐部"，开展了类似的研究活动。随着罗马俱乐部研究报告、书籍等在世界范围内广为传播，不仅对世界范围的复杂性问题研究产生了重要影响，而且唤起了国际组织、各国政府甚至普通大众运用系统思维分析事物、解决问题的意识，从而极大地推动了系统科学和复杂性科学在全世界范围的研究和发展。因此，作为罗马俱乐部的第一份报告，同时也是其最富盛名的著作之一的《增长的极限》，堪称是系统工程在 20 世纪的伟大实践。

此后，罗马俱乐部还发表了一些较为著名的研究报告：《人类处在转折点》（1974）、《重建国际秩序》（1976）、《超越浪费的时代》（1978）、《人类的目标》（1978）、《学无止境》（1979）、《微电子学和社会》（1982）等，这些都是系统科学和系统工程在全球视野下的重要应用和实践①。

---

① 罗马俱乐部．http：//baike. baidu. com/link？url=vUaiSH0f5OrSDlPDucYMaGmO84ydVTP9xx1x FAO8aYl7 FV6iP0A8sWfhUgZ6fpSp

3. 复杂性科学

20世纪80年代至今，随着科学研究的深入，复杂系统成为人类考虑的重要方面。一般认为，复杂系统是由众多存在复杂相互作用的组分组成的，系统的整体行为不能由其组分的行为来获得，一般多指生命系统或有人参与的系统等。复杂系统一定是非线性系统，非线性系统不一定是复杂性系统。简单系统通常包含少量个体，它们之间的相互作用比较弱，或者具有大量相似行为的个体，可以应用简单的统计平均的方法来研究它们的行为。复杂系统的组成个体要有一定的规模，且之间可以有无数种相互作用，这种无数可能的相互作用，使得复杂系统涌现出所有组分不具有的整体行为。复杂性科学是研究复杂系统行为与性质的科学，具有统一的方法论——整体论或非还原论。

复杂性科学诞生的标志是一般系统论的创立。依据研究对象的变化，我们可把复杂性科学的发展历史大致划分为三个阶段，它们分别是：第一阶段，研究存在；第二阶段，研究演化；第三阶段，综合研究阶段。

1973年，埃德加·莫兰（Edgar Morin）提出了"噪声的有序"原则，即将一些具有磁性的小立方体散乱地搁置在一个盒子里，然后任意摇动这个盒子，最后人们看到盒子中的小立方体在充分运动之后根据磁极的取向互相连接形成一个有序的结构。在这个例子中，任意地摇动盒子是无序的表现，显然单靠它不能导致小立方体形成整体的有序结构。小立方体本身具有磁性，是产生有序性的潜能，但是这个潜能借助了无序因素的辅助或中介而得以实现。在这个原理里，无序性是必要条件而不是充分条件，它必须与已有的有序性因素配合才能产生现实的有序性或更高级的有序性。这条原理打破了有关有序性和无序性相互对立和排斥的传统观念，指出它们在一定条件下可以相互为用，共同促进系统的组织复杂性的增长。这正是莫兰在其书中阐发的复杂性方法的一条基本原则，它揭示了动态有序的现象的本质（潘旭明，2007）。

19世纪70年代，德国学者艾根（1990）提出超循环理论。该理论直接建立在生命系统演化行为基础上的自组织理论，是研究分子自组织进化现象的理论。其意义在于在超循环理论出现之前，生命的起源和进化分为两个阶段，即化学进化阶段和生物进化阶段。艾根研究发现，把这两个阶段直接连接起来是困难的，在这两个阶段之间还应该存在着一个分子自组织的进化阶段，在此阶段中完成从生物大分子到原生细胞的进化。对细胞进化的研究有推进的积极意义（金吾伦，2003）。

1979 年，普里戈金与斯唐热（Stengers）创立了布鲁塞尔学派。该学派认为，复杂性科学是作为经典科学的对立物和超越者被提出来的。在经典物理学中，基本的过程被认为是决定论的和可逆的。今天，我们发现我们自己处在一个可逆性和决定论只适用于有限的简单情况，而不可逆性和随机性却占统治地位的世界之中。因此，物理科学正在从决定论的可逆过程走向随机的和不可逆的过程（章红宝和江光华，2006）。

1984 年，圣塔菲研究所成立。该研究所聚集了一系列的各行各业的精英。研究范围涉及很广，主要观点有，事物的有效复杂性只受基本规律少许影响，大部分影响来自"冻结的偶然事件"。复杂系统的适应性特征，即它们能够从经验中提取有关客观世界的规律性的东西作为自己行为方式的参照，并通过实践活动中的反馈来改进自己对世界的规律性的认识。也就是说，系统不是被动地接受环境的影响，而是能够主动地对环境施加影响。圣塔菲研究所的创立，意义在于明确了复杂性科学研究的焦点不是客体的或环境的复杂性，而是主体自身的复杂性——主体复杂的应变能力以及与之相应的复杂的结构（潘旭明，2007）。贝塔朗菲创立一般系统论标志着复杂性科学的诞生。

1987 年，丹麦科学家普巴克（Per Pak）、汤超（Tang Chao）和威逊费尔德（Kurt Wiesenfeld）提出了自组织临界性的思想，认为自然界中的大型系统向均衡临界态发展是一种趋势，大多数的改变是通过灾难性事件而不是通过遵循渐变的路线来实现的。

1990 年，沃菲尔德（John N. Warfield）教授提出了通过结构化系统分析处理在复杂环境下有效提高决策效果的系统方法。

1992 年，基尔（Kiel）和埃利奥特（Elliott）认为政府预算是一个充满变化的非线性和复杂系统。

1994 年，沃菲尔德（John N. Warfield）和卡丹纳斯（A. Roxana Cárdenas）提出交互式管理的理论与方法，该方法为在复杂环境下的决策提供了较为可行的决策分析方法。

1996 年，史黛西（Stacey）提出组织是复杂的演化系统，并在三种区域中运行。当运行于不稳定区域，无论是长期还是短期，组织的行为都是不可预测的；当运行于稳定区域，组织的短期行为是可以预测的；在混沌的边缘，组织行为是不可预期的，但是不稳定性会局限于一个有限边界内（宋学锋，2003）。

同在 1996 年，电气电子工程师学会（Institute of Electrical and Electronics Engineers，IEEE）举办了首届高确信系统工程（HASE）国际研讨会，之后每年举办一届，并将主题确定为高确信高后果系统（high assurance high consequence system），HAHC 系统指同时满足高可靠性、高安全性、实时约束性、保安性、容错性等不同要求，而且还能对不同要求的动态变化具有自适应能力。安全性和可靠性是反映系统性能的相互联系而又相互制约的两个方面，HAHC 系统一般都呈现出复杂系统的特征，需要从复杂系统科学的角度来研究 HAHC 系统。2002 年，卡尔森（J. M. Carlson）和多勒约翰（Doyle John）提出了高度最优化容限（highly optimized tolerance，HOT）理论，该理论主要针对复杂工程系统和生物系统，提出复杂性的产生源于稳健性要求的驱动的思想，认为 HOT 系统稳健，但仍然脆弱。大多数工程系统既有 HOT 系统特性，又要求具有 HAHC 系统的保证性，这是人造复杂系统理论与实践目前面临的主要难题。

1997 年，萨科曼（Sackmann）进行了关于组织的文化复杂性问题的研究，阐述新时代的组织文化充满了冲突和复杂性。

涌现是复杂性科学研究的重点，20 世纪 90 年代，美国圣塔菲研究所第一次明确地将涌现与自组织、复杂性联系起来。1998 年，霍兰德以跨学科的科学方法为引导，系统地论述了复杂系统的涌现现象及其科学描述方法，使涌现成为一个科学概念。系统科学将"整体具有而个体不具有的东西"，称为涌现性。研究认为，涌现是"整体大于部分之和"的关键所在。复杂的事务是从小而简单的事务中发展起来的。简单与复杂是对事物或规律的两种不同属性的高度概括。

对于复杂性系统的研究，除上述之外还有很多。国际应用系统分析研究所（International Institute for Applied Systems Analysis）通过对包括环境、社会、技术、经济等众多复杂性系统进行独立或联合的系统分析，为解决全球问题做出了重要贡献。其核心思想是将全球看作统一系统，关键在于：问题驱动和方案导向，通过系统分析，对全球问题提供了一种更深层次的理解方法，帮助寻找解决方案，引导决策制定。跨学科融合，系统分析考虑各种全面的可能性选择及受多种因素影响复杂系统的动态交互和多学科交叉产生的影响。依赖科学，国际系统分析研究所的系统分析是基于最好的研究、数据库和分析工具，为建立模型和分析提供最完善的支撑。他们认为，当今世界，经济、社会、技术和环境系统高度联系和相互依赖，因此，只有通过多学科交叉模型和分析才能更好地理解复杂系统和通过获得问题的全面解决。系统分析要求关注长期趋势和转型，研究复杂系统的动态交换作用，致力于理解交互动态系统特点，尤其是复杂环境社会系统的弹性和临界阀值。通过适应性决策和弹性战略等，减少风险和不确定性，并以引导和管理的方式，为政策制定者提供高质量模型、数据和分析，使政策制定者和利益相关者可以自己探索问题解决方案。系统分析研究所以问题导向的复杂系统研究，将区域和国家解决方案紧密联系。可以通过和国际中心合作获得区域的或国家的案例，得出研究复杂系统的重要思想，进而在短期和长期范围内，获得当地、国家甚至全球规模上复杂系统的优化和解决。

这个时期也形成了许多方法及方法论，如超循环理论、圣塔菲研究所的方法论等。

（1）超循环理论

超循环理论是联邦德国生物物理学家艾根在1971年提出的，研究分子自组织的一种理论。曾有不少学者提出各种理论来研究生物信息的起源和进化。艾根总结了大量的生物学实验事实，提出了超循环理论。

超循环是较高等级的循环，指的是由循环组成的循环。在生命现象中包含许多由酶的催化作用所推动的各种循环，而基层的循环又组成了更高层次的循环，即超循环，还可组成再高层次的超循环。大分子集团借助于超循环的组织形成稳定的结构，并能进化变异。这种组织也是耗散结构的一种形式。在大分子中超循环具体指催化功能的超循环，超循环系统即经过循环联系把自催化或自复制单元等循环连接起来的系统。在此系统中，每一个复制单元既能指导自己的复制，又能对下一个中间物的产生提供催化帮助。从动力学性质看，催化功能的超循环是二次或更高次的超循环。超循环理论可用以研究生物分子信息的起源和进化，并可用唯象的数学模型来描述。

超循环有如下一些重要性质：第一，超循环使借助于循环联系起来的所有种稳定共存，允许它们相干地增长，并与不属于此循环的复制单元竞争。第二，只要改变具有选择的优势，超循环就可以放大或缩小。第三，超循环一旦出现便可稳定地保持下去。总之，生物大分子的形成和进化的逐步发展过程需要超循环的组织形式。它既稳定又允许变异，因而导致普适密码的建立，并在密码的基础上构成细胞。

超循环理论对于生物大分子的形成和进化提供了一种模型。对于具有大量信息并能遗传复制和变异进化的生物分子，其结构必然是十分复杂的。超循环结构便是携带信息并进行处理的一种基本形式。这种从生物分子中概括出来的超循环模型对于一般复杂系统的分析具有重要的启示。如在复杂系统中信息量的积累和提取不可能在一个单一的不可逆过程中完成，多个不可逆过程或循环过程将是高度自组织系统的结构方式之一。超循环理论已成为系统学的一个组成部分，对研究系统演化规律、系统自组织方式以及对复杂系统的处理都有深刻的影响（艾根，1988）。

（2）圣塔菲研究所的方法论

复杂性科学研究内容包罗万象，几乎包括传统自然科学和人文社会科学的全部领域。复杂系统是由许多的相互作用的"Agent"组成的，Agent之间的相互作用可以使系统作为一个整体产生自发性的自组织行为。在这种情况下，单个的 Agent 通过寻求互相的协作、适应等超越自己，获得思想，达到某种目的或形成某种功能，并使系统有了整体的特征（贾秀敏，

2010）。而且，每一个这样的复杂系统都具有某种动力，这种动力与混沌状态有很大的差别，因为用混沌理论无法解释结构和内聚力以及复杂系统的自组织内聚性。复杂系统具有将秩序和混沌融入某种特殊平衡的能力。它的平衡点被称为混沌的边缘，在这种状态下，系统的 Agent 不会静止在某一状态中，但也不会动荡甚至解体。在这种状态下，系统有足够的稳定性来支撑自己的存在，又有足够的创造性使自己维持系统的发展。基于对复杂系统构成的这种认识，创立了适应系统（CAS）理论，从而认为稳定和均衡是组织的规范状态。作为对外部环境变化的反映，组织系统通过调节以适应环境的要求（宋学锋，2005）。

与此同时，圣塔菲研究所也为各个科学领域研究的发展做出了很大的贡献。阿瑟（Brain Arther）的报酬递增率将经济学建立在生物学理论上，它强调个体生命，人们是分散和不同的，历史上的偶然事件、干扰和差异经非线性作用的放大成为驱动力量，因而认为经济系统没有绝对的均衡，永远处在重组、退化和发展之中。盖尔曼（Murray Gellmann）、考温（George Cowan）、安德逊（Philip Anderson）等杰出的科学家，提出学科整合和科学应从还原论向整体论方向发展，并提出了 Agent 和 Emergence（突现）等的概念。霍兰德（Holland）开创了基因算法、分类器系统，推动了神经网络算法的发展，归纳出复杂自适应系统的特征。郎顿（Chris Longton）开创了人工生命理论，推动了元胞自动机理论的发展，提出了复杂吸引子的概念。他认为在不动点吸引子、周期吸引子和奇怪吸引子之外还有一类吸引子为复杂吸引子，及所谓的浑沌边缘状态，在这种状态下系统表现出永恒的新奇性。法默（Fammer）将神经网络、遗传算法、分类系统模型和免疫系统模型等通过关联主义的思想统一为节点-关联物模型。丹麦出生的物理学家普巴克（PerBak）提出了关于自组织临界的概念。考夫曼（Kauffman）提出了自组织临界条件理论。考夫曼指出如果系统中 Agent 的相互作用过于简单低于临界值时，系统就不会发生相变，但如果相互作用的复杂性达到了一定的程度，系统就会发生自组织并产生更高级的秩序。他还将自组织临界性和混沌的边缘概念进行了整合，提出如果一个系统表现出各种规模的变化和骚动波，如果其变化的规模遵循着一种幂律，那么这个系统就处于临界状态或者说是处于混沌的边缘（宋学锋，2005）。

复杂性科学研究不再是分门别类地进行，而是打破了以前的学科界线，进行综合研究；促进知识统一和消除两种文化（即斯诺所说的科学文化和人文文化）之间的对立。

这个时期的系统工程实践已比较广泛，著名的伊拉克战争就是一个典型的案例。

2003 年 3 月 20 日，美国入侵伊拉克。为了保证战争的顺利进行，在发动伊拉克战争前，美国做了大量的战前仿真。这次伊拉克战争，仅兰德公司就为美国军方提供了 5 套作战方略。从战略布局、军力分布、武器装备、经济实力、政治影响等多方面，作了充分的准备。一开始，战争确实按美国人预想的方向发展，在很短的时间内美国便占领了伊拉克的首都巴格达，从军事角度看，美国已经打败了萨达姆，美国胜利了。取得这样快速而伤亡极小的胜利，从管理的角度讲，是由于美国军方把伊拉克的政治、经济、军事、民生当成一个相互关联、相互影响的系统，并以消灭萨达姆政权为目标，区分了哪些是首要打击目标、哪些是次要打击目标、哪些是可拉拢招抚目标。正是基于此，美国在战争期间有条不紊的取得了胜利。

但是，自布什总统宣布在伊拉克的大规模军事行动结束到现在，局势并没有想象的那样趋于稳定，而是越发混乱不堪。越来越复杂的战争形势和巨额的军费开支，耗费军费 7630 亿美元，超过朝鲜、越南战争的费用。伊拉克战争使全球经济蒙上了一层不确定的阴影。

之所以出现这种问题，是由于美国虽然把战争作为一个系统，全方位考虑了可能出现的各种情况，并准备了各种应对措施，但在战后仿真方面却没有做好。现代战争并不像以往，以打击敌人有生力量、占领土地和资源为主，而是高科技、精兵力，定点打击敌人指挥系统。在这种新的战争方式下，战后的管理问题比以往有了更重要的分量。伊拉克战后局势动荡不安，就是因为美国并没有把战前准备、战争、战后作为一个统一的系统来综合考虑，这导致战后动荡对该地区及世界经济的打击日益显现。两伊原本保持着中东的平衡均势，萨达姆的垮台，让伊朗少了一个羁绊，影响力大增。该地区各种力量对比进一步失衡，加速民族与宗教矛盾和冲突的发展，加剧了国际恐怖主义与民族极端主义的活动，伊拉克正成为宗教极端思想和运动的新策源地。从这些方面看美国失败了。

美国科学家欧阳莹之（S. Y. Auyang）在他的《复杂系统理论基础》专著中提出，宇宙中所有为人们共知的稳定物质都由三种基本粒子通过四种基本相互作用结合而成。在最基本层次上的这种同质性和简单性表明，人类周围所能看到的事物表现出来的无限多样性和复杂性只能是组合的结果。进而，他提出对大尺度组合的复杂系统，必须采用自上而下的观点和自下而上的观点相结合的思想。从微观和宏观层次，理智地将整体分析成为有信息的部分。从这方面来说，复杂系统研究，一般不关心系统组分由哪些物质组成，而只关心组分的功能、行为及组分间的相互关系；组分间发生关系的规则比较简单，但通过规则迭代性重复，使系统整体产生复杂行为；复杂系统具有涌现性，组分之间的相互影响，使整体产生特殊行为现象，同时整体的行为再反馈至各组分。由于组分之间的相互作用，即使复杂系统分解成为各个组分，也不能解释系统整体的行为。

随着人们探索宇宙和自然的进一步深入，事物或规律的简单与复杂可以相互转化。复杂系统本身也可以不断演化，一是通过系统的自组织、改变内部结构以更好地适应环境；二是复杂系统具有耗散性，在与外部系统作用时，通过内部扰动和外部影响，使得系统进入一个更高的层次；三是复杂系统能够达到一个临界点，此时，不必对系统采取任何行动就可以使之位于崩溃的边缘。

复杂系统具有的特征使得传统的还原论方法已不再适用。为此，必须从复杂系统自身的特点出发，以系统方法论的哲学思想为指导，坚持对立统一的辩证法，对复杂系统中的组分与整体、整体与环境的相互作用和相互联系，通过整体的、辩证的、定性与定量的分析和综合，把握住复杂系统演化过程的机理、条件、规律及整体涌现性。通常要求定性判断与定量计算相结合、微观分析和宏观综合相结合、还原论与整体论相结合、确定性与不确定性相结合、科学推理与哲学思辨相结合、计算机模拟与专家智能相结合（成思危，2000）。

4.2 现代中国系统工程思想史

由于历史环境不同，现代系统工程思想在中国产生、传播和发展也与西方有着显著的差别。西方世界在还原论盛行三百年后，再超越还原论，走向系统论，形成了一个完整的否定之否定过程（苗东升，2012）。而在中国，还原论思想和系统论思想几乎同时传入，在还原论尚未扎根就开始发展系统论，所以中国系统工程思想的发展就不会像西方那样受到还原论的阻力，而是在中国强大社会需求的推动下，走出了一条具有中国特色系统工程思想发展之路，在理论研究和实践应用中都取得了丰硕的成果，受到了历届党和国家领导人的高度重视，形成了系统工程的中国学派。暨南大学管理科学与工程研究所孙东川（孙东川和柳克俊，2010）教授就在《试论系统工程的中国学派与钱学森院士的贡献》中对"系统工程中国学派"进行了详细的论述，并在《系统工程与天下大势——庆祝中国系统工程学会成立 30 周年（上）》（孙东川，2010b）一文中写道："系统工程在中国大发展的 30 多年，是中国坚持改革开放的 30 多年。系统工程需要改革开放，改革开放需要系统工程。系统工程与改革开放，两者共生共荣，与时俱进"。

4.2.1 孕育期的现代中国系统工程思想

虽然早在 19 世纪 40 年代，"系统工程"一词就在西方提出，但在中国国内这个时期还未真正认识到系统工程，正如钱学森所说："1978 年前我不知道什么是系统工程"，但一些系统工程基础理论的探索和基于系统工程思想的实践却已在中国国内悄然发生，这也为系统工程思想后来在国内的发展积累了重要基础。创建"工程控制论"是钱学森 20 世纪 50 年代的主要成就，也是他一生的重要成就，对推动系统工程的发展也起到了重要作用，正如《论系统工程（新世纪版）》（钱学森，2007a）。所述"工程控制论所体现的科学思想、理论方法与应用，直到今天仍深刻影响着系统科学与工程、控制科学与工程以及管理科学与工程等的发展"。钱学森回国后不久就致力于中国的航天事业，这也为他探索系统工程方法提供了实践的土壤，于景元在《钱学森系统科学思想与社会主义建设》中就写到"钱老在开创我国航天事业过程中，同时也开创了一套既有普遍科学意义、又有中国特色的系统工程管理方法与技术"（于景元，2011a）。运筹学是系统工程的重要理论基础，而早在20世纪六七十年代就在国内开始推广，汪应洛（2004）在《当代中国系统工程的演进》一文中就写道："20世纪六七十年代，华罗庚教授就开始在全国推广应用统筹法，在中国产生了很大的影响。华罗庚教授也是当代中国系统工程的启蒙者。"

1. 《工程控制论》蕴含了钱学森的系统思想

在上海交通大学出版社出版的《工程控制论》中，把创建工程控制论作为了形成钱学森第一个创造高峰的一项重要成就，然而《工程控制论》中也蕴含着丰富的系统思想（钱学森，2007b）。

《工程控制论》是继美国科学家维纳于1948年发表的著名《控制论》一书后，以火箭为应用背景的自动控制方面的著作，书中充分体现并拓展了控制论的思想（戴汝为，2005b）。工程控制论本身就是研究代表物质运动的事物之间的关系，研究这些关系的系统性质，可见事实上这个时期钱学森已开始了系统科学的研究（于景元，2011b），正如上海交通大学出版社出版的《论系统工程》（钱学森，2007c）中所述，"从现代科学技术发展看，工程控制论远超出了当时自动控制理论的一般研究对象，已不完全属于自然科学领域，而属于系统科学范畴。其研究的是代表物质运动的事物之间的关系，研究这些关系的系统性质——系统控制。表示钱学森已经开始跨学科、跨领域的研究。"所以，《工程控制论》蕴含着钱学森的系统思想，《工程控制论》（钱学森，2007b）的序中也提供了证明。《工程控制论》的序写道："这门新科学（指控制论）的一个非常突出的特点就是完全不考虑能量、热量和效率等因素，可是在其他各门自然科学中这些因素却是十分重要的。控制论所讨论的主要问题是一个系统的各个不同部分之间的相互作用的定性性质，以及整个系统的总的运动状态"，充分体现了系统的思想。

另外，1948 年钱学森就发表的《工程与工程科学》一文中明确指出："当代，科学与技术研究已经不再是没有计划的个人活动，任何一个大国的政府都已经认识到，这种研究是增强国力和国民福利的关键所在，因此，必须严密地加以组织。"同时，他建议美国应成立一个"喷气武器部"，统一组织领导火箭导弹技术的发展。这与当前，中国经济建设中发挥党的社会整合作用，集中力量办大事的系统工程思想，如出一辙，可见这个时期钱学森的系统工程思想已开始孕育。

2. 运筹学的推广和发展为系统工程的产生与发展提供了理论基础

在 1981 年钱学森提出的系统科学体系中，把运筹学定位于技术科学层，而中国早在 20 世纪 50 年代就开始在国内广泛推广运筹学。新中国成立后，中国大搞经济和国防建设，在这样的背景下，怎样进行科学管理，实现最优发展，就成为当时的一个重要课题，这就为运筹学在国内的发展提供了土壤，于是在钱学森、华罗庚、许国志等同志的推动下，运筹学在国内广泛推广和发展。

20 世纪 50 年代初期，尚在美国受迫害的钱学森就通过回国的人带信给国内学者，提出要宣传、引进运筹学，把它用到社会主义建设中去。他一回国，立即建议把这门科学运用于经济建设，并跟许国志同志一起创立运筹小组和研究室。1959 年，第二个运筹学部门在中国科学院数学研究所成立。在 1960 年，中国科学院力学研究所的运筹学小组与数学所的运筹小组合并成为数学研究所的一个研究室，当时的主要研究方向为排队论、非线性规划和图论，还有人专门研究运输理论、动态规划和经济分析（如投入产出方法）。1963 年，中国科学院数学研究所的运筹学研究室为中国科技大学应用数学系的第一届毕业生（58 届）开设了较为系统的运筹学专业课，这也是运筹学专业课第一次在国内开设。

20 世纪 50 年代后期，运筹学在中国的应用集中在运输问题上，其中一个广为流传容易明白的例子就是"打麦场的选址问题",目的在于解决当时手工收割为主的情况下如何节省人力和实践。众所周知的"中国邮路问题"模型,也是在这个时期由管梅谷教授提出的。

华罗庚教授在中国运筹学的早期实践中发挥了巨大作用。在"文化大革命"期间,华罗庚教授推广"优选法"、"统筹法",带领"推广优选法统筹法小分队",到过全国 23 个省(自治区、直辖市)推广双法。在推广双法后,各地在建筑工程、设备维修、生产组织、生产运作流程重建等诸多领域很快地创造了数以千计的成果,取得了巨大的经济效益(中国运筹学会,2012)。

运筹学是一门关于优化的科学,而系统工程的目标是实现系统的最优化,所以运筹学的发展为系统工程的产生和发展提供了理论基础。钱学森自己也曾说他的系统学概念的起源与运筹学直接相关。

3. 中国早期航天事业为钱学森系统工程思想提供了实践土壤

钱学森回国后不久,就开始了中国早期航天事业的实践。航天工程的特点是规模庞大,技术复杂,质量可靠性要求高、耗资大、研制周期长,并与国家政治和国防安全联系紧密,社会和经济效益显著。钱学森在进行导弹研制时,面临着如何把众多人员、众多单位组织起来,合理取舍系统局部、整体关系,研制出用户满意的型号这一难题,这就要求有一套科学、有效的组织管理技术和方法,这也为钱学森认为系统工程是一套组织管理技术提供了实践基础和思想来源。

1956 年 2 月,钱学森回国后不久,就向中央提交了《建立中国国防航空工业的意见》,提出发展中国导弹火箭技术的组织机构、发展思路、实施步骤和"21 人名单",该意见是对中国航天事业发展的顶层设计,从全局的角度提出了建立中国国防航空工业的意见,是钱学森早期系统工程思维的重要体现。

20 世纪 50 年代后期,钱学森在主持国防部第五研究院工作时,意识到搞国防尖端技术,要耗费如此之大的社会劳动,靠一个总工程师或总设计师,加上几个副总设计师,很难应付复杂的抓总工作,必须成立一个由很多学科配套、专业齐全、具有丰富研制经验的高技术科技队伍组成的部门，为领导提供技术参谋，于是就建立了总体设计部，这个部门就是现在的航天系统总体设计部的雏形。

1957 年，钱学森对聂荣臻说："我有这个预感，因为我们的制度能使意志高度集中统一，这比自由化的美国更适合搞火箭工程。"这种对中国体制优势的把握，折射出其在中国实施系统工程、统筹协调各方力量，攻克重大技术瓶颈的观点。

1962 年东风二号首飞失利，钱学森主持了故障分析。他不是单纯就事论事地进行故障分析，而是深入地从工程技术、科研管理、思想作风等多方面分析了失败的内在原因，这也体现了钱学森那时的系统思维。

钱学森在组织实施导弹工程中，成功运用了"工程控制论"的方法，并研究、制定、验证、完善了一整套中国现代工程系统开发的技术过程。

钱学森被称为"中国航天之父"，他开创了中国的航天事业，也在航天事业的实践中提炼出了系统工程管理方法和技术，正如上海交通大学出版社出版的《创建系统学》（钱学森，2007c）所述，"钱学森开在开创中国航天事业的过程中，也开创了一套既具有中国特色又具有普遍科学意义的系统工程管理方法与技术。"

4. 自动化技术必然发展到系统工程

1981 年，刘豹（1981a）在《从自动化技术的发展谈到系统工程》一文中提出"自动化技术已深入人类活动的各个领域。工业生产过程自动化的概念已扩展到最优化和全局最优化。自动化和最优化都离不开计算机，自动化技术人员面临的挑战是看你能不能用计算机在所需之处实现自动化。从自动化、最优化必然发展到系统的观点"，阐述了"自动化技术必然发展到系统工程"的观点。

20 世纪 60 年代中后期，自动化技术已深入人类活动各个领域。随着现代控制理论和计算机技术发展，对生产自动化也提出了更高要求，不仅要保持生产过程中某些工艺参数稳定，还要保持在生产过程中几个"最优"：能源最省、原材料消耗最少、合格成品最多、生产时间最短等，这就是最优控制。从生产过程自动化角度，自动化含义已发展到最优化。然而，任何生产过程都不是一个或几个过程的简单组合，而是由许多互相关联的过程组成的一个系统。要想达到最优，就须从整个生产系统来考虑，而不能仅仅就一个或几个过程来考虑。显然，许多过程组成的一个生产系统的最优，绝不是各个组成过程最优的总和，只有从全局最优的角度来实现各个生产过程的最优，才能得到全局的最优。这就涉及如何将一个系统的最优化问题分化成其各组成的最优化问题，从而按分析或计算到的各组成过程的最优化去做"最优"生产，才能最后形成全系统的最优化。这也就达到了系统观点的"最优"。刘豹进一步提出了"系统工程——解决大系统最优规划、最优设计、最优管理和最优控制问题的一种技术"，也就论证了"从自动化技术发展到系统工程"。

事实上，在近期的中国系统工程发展历程中，自动化技术也扮演了重要角色，一大批系统工程研究者都有自动化技术背景，并且系统工程学科也被设置为自动控制下的一个二级学科。

4.2.2 现代早期中国系统工程思想

1978 年 3 月，中共中央、国务院召开了全国科学大会，迎来了科学的春天。同年 12 月，党的十一届三中全会召开，中国走上了改革开放之路，走上了建设中国特色社会主义之路。在这两次大会期间，1978 年 9 月 27 日，钱学森（1978）在对早期航天事业实践深入总结和提炼的基础上，通过与许国志、王寿云等同志深入探讨后，在《文汇报》上发表了《组织管理技术——系统工程》一文，较为明确地定义了对中国系统工程的早期认识，在国内引起了强烈反响，系统工程开始在国内快速发展，掀起了中华大地上"系统热"、"三论热"的系统科学研究热潮。1978 年，西安交通大学、清华大学、天津大学、华中科技大学、大连理工大学五所著名大学开始招收系统工程专业的研究生，并先后成立了系统工程研究所，培养了一大批研究生，迅速壮大了系统工程研究和应用推广的队伍，也拉开了中国系统工程教育的序幕（汪应洛，2004）。1979 年，钱学森（1979）在北京系统工程学术讨论会上发表了《大力发展系统工程，尽早建立系统科学的体系》，提出了现代科学技术体系，也开启了中华大地上的系统科学体系探索之旅。1980 年，中国系统工程学会在北京正式成立，团结了全国各方面的科学技术人员和管理人员，开展系统工程的科学研究，奠定了中国系统工程发展的组织基础。同年 8 月，由中央电视台、中国科协组织中国系统工程学会、中国自动化学会、中国航空学会、中国铁道学会等单位联合举办四十五讲的《系统工程普及讲座》，在中央电视台正式开播，钱学森、许国志、郑维敏、顾基发、王寿云、吴沧浦、王毓云、陶家渠、朱松春、张沁文、田丰、裴宗沪、应玫茜、涂序彦、吴秋峰、王正中、梅磊 17 位国内知名专家讲课，在社会上引起了极大的影响，受到中国科协和国家有关部门领导的重视和赞许（顾基发，2011）。1982年，钱学森（1982）理论总结了阶段性的成果，在湖南科学技术出版社出版了《论系统工程》一书，国内有学者把其作为初步建立了有中国特色的系统工程理论的标志。之后，在钱学森等同志的倡导下，宋健、马宾、于景元、汪应洛、蒋正华等一大批学者开展了系统工程思想的广泛实践，如马宾、于景元等开展的"财政补贴、价格、工资综合研究"和"年度国民经济发展的政策模拟和经济形势分析"，钱振英等主持的"三峡工程论证"，宋健、于景元、蒋正华等开展的"中国人口问题的定量研究和应用"，汪应洛等开展的"人才规划的系统分析"，王慧炯等开展的"'2000 年的中国'系统研究"，钱振业等开展的"中国载人航天发展战略研究"，都是那个时期系统工程思想的典型实践，也在国内引起了强烈的反响。通过这些实践，加深了研究者对系统工程的理解和认识，形成了一些新的理论，总结出了一些解决系统工程问题的方法，主要以模型为主，如刘豹的能源系统数学模型，于景元的财政补贴、价格、工资综合研究，也促进了系统工程的推广和发展，正如姜璐在《钱学森与系统科学——为纪念钱学森诞辰一百周年而作》中所述"钱老不仅静态地将科学技术知识分成三个层次，即基础理论、技术科学、实际应用，而且从动态来讲，他还认为科学的发展一般是从实际应用开始，这个层次的知识发展最迅速，进而逐渐带动另外两个层次上知识的发展。"1986 年，系统学讨论班的创办，在国内学术界引起了强烈反响，为系统工程的进一步发展提供了"根据地"，大量的新思想、新观点开始涌现。

4.2.2.1　中国系统工程学会成立为系统工程发展奠定了组织基础

1978 年，在中国航空学会召开的军事运筹学座谈会上一些科学工作者提出了筹建中国系统工程学会（Systems Engineering Society of China, SESC）的问题。1979 年 10 月国防科委和其他单位在京联合召开系统工程学术会议，会上钱学森、关肇直等 21 位学者联合倡议筹建中国系统工程学会。经过一年多的筹备，1980 年 8 月中国系统工程学会在北京正式成立，选出了以钱学森、薛暮桥为名誉理事长，关肇直为理事长的领导班子。钱学森院士和一批自动化的专家、数学界的专家以及学部委员都参加了这个盛会，使得中国系统工程学界从开始就形成了一个学科交叉和知识融合的局面（顾基发，2011）。

中国系统工程学会含学会办公室和学术工作委员会、国际学术交流工作委员会、教育与普及工作委员会、编辑出版工作委员会、青年工作委员会、咨询工作委员会 6 个工作委员会（中国系统工程学会，2003）。

中国系统工程学会汇聚了中国著名的一批学者，其中包括自动控制学界、数学界、管理工程学界和社会经济学界等一批著名学者，在中国初步形成了一个学科交叉、知识融合的庞大的学术队伍。

中国系统工程学会的成立，团结了全国各方面的科学技术人员和管理人员，开展系统工程的科学研究，广泛进行学术交流，促进系统工程的发展和广泛应用，奠定了系统工程的组织基础。

4.2.2.2　中国系统工程学科构建的探索和发展

1. 中国系统工程学科教育的探索和发展

在"文化大革命"结束、拨乱反正之后，教育部开始更加关注教学和科研工作。当时，两个研究方向引起了教育部关注：一个是系统工程，需往广度发展；一个是人工智能，需往深度发展。过去开展自动化研究，面太窄，只关心技术，而技术以外的经济、社会等方面的研究几乎没有涉及。于是，一些系统工程研究人员就提出，可从系统工程的角度建立一个全面的概念，把经济、社会等方面因素纳入研究的范畴。与此同时，控制研究逐渐向大系统方向发展，控制研究人员（这些人对系统工程并不生疏）开始将系统工程与大系统相结合进行研究，这也成为当时的主流。

1977 年秋天，清华大学、天津大学、西安交通大学、华中科技大学、华东理工大学、大连理工大学 6 所大学联合给教育部提议，把系统工程作为一门学科建立起来，希望研究和发展系统工程。其他许多学校也纷纷表示想进行系统工程研究。国家教育部非常重视这个提议，也非常支持系统工程的发展，于是决定创建系统工程学科。1978 年，经教育部批准，清华大学、天津大学、西安交通大学、华中科技大学、华东理工大学、大连理工大学 6 所大学成立了系统工程研究所，这也成为中国最早的系统工程研究机构（中国航天系统科学与工程研究院科技委，2013）。

为了科学合理地设立系统工程学科，1979 年，教育部组织了一个代表团赴美国、日本等国家考查，了解国外系统工程学科的动态，并形成了两个结论：一是要加强基础理论研究；二是系统工程是一门侧重应用的学科，更应注重在各个方面的应用。

同年，钱学森受国防科学技术工业委员会委托，亲自去长沙主持长沙工学院改建国防科技大学工作。根据国内外大学的办学经验，基于中国人民解放军培育人才的特点，组建了八个系，其中七系为系统工程与数学系。系统工程与数学系的教师队伍由飞行器专业、电子信息专业、计算机专业等专业的骨干教师和数学教研室全体教师共同组成。后来，一些学者把国防科技大学设立系统工程与数学系，作为系统工程专业教育正式创建的标志（谭跃进，2007）。

1981 年国家开始建立学位制度，由于当时的系统工程研究人员大多是自动控制出身，所以在发展系统工程过程中仍摆脱不了控制的影子，于是系统工程学科就被设置为自动控制这一大学科下的一个二级学科。又由于考虑到系统工程涵盖面太广，侧重于控制，本科生想学习系统工程，不如在掌握了一定的工程基础之后，再进行系统工程学习。于是，教育部决定：系统工程专业的学生从研究生阶段开始培养，至少教育部直属学校不招收系统工程专业本科生，只招收系统工程专业研究生。于是当年只开始招收系统工程专业研究生。也在这一年教育部批复确定了中国第一批系统工程专业博士生导师。

此后，设置系统工程专业的学校每年都在一起开展系统工程学术交流。系统工程学科教育开始蓬勃发展，为系统工程学科培养了一批中青年学术骨干，迅速壮大了系统工程研究和推广应用的队伍。

2. 中国系统科学学科体系探索

1979 年 10 月，在北京举行的系统工程学术讨论会上，钱学森发表了《大力发展系统工程，尽早建立系统科学的体系》一文，在文中提出了现代科学技术体系，如图 4-2 所示。这个体系的框架可概括为"三个层次、一个桥梁"：最接近社会实践的是工程技术，对工程技术进行概括提炼而得到的、为工程技术直接提供理论指导的是技术科学，对技术科学进行概括提炼而得到的、为技术科学直接提供理论指导的是基础科学，再上一个层次、对基础科学进一步概括提炼而得到的是沟通科学技术与哲学的桥梁，即该部门的哲学分论。

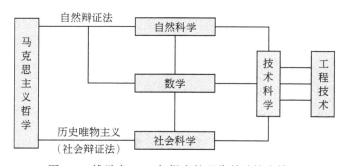

图 4-2　钱学森 1979 年提出的现代科学技术体系

从整个现代科学技术体系出发，1981 年，钱学森在《系统工程理论与实践》发表的"再谈系统科学的体系"一文中，给出了系统科学学科体系，如图 4-3。

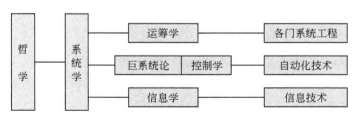

图 4-3　钱学森提出的系统科学学科体系

1986 年年初，在系统学讨论班开班当天，钱学森（2007c）再次对系统科学的体系结构作了叙述"系统科学的工程技术就是系统工程、自动控制等；技术科学层次的是运筹学、控制论、信息论；将要建立的基础科学是系统学；系统科学到马克思主义哲学的桥梁就是系统论。系统科学就是这样一个体系"。基本还是图 4-3 所示框架。

在转向复杂巨系统研究后，钱学森把系统学区分为简单巨系统学和复杂巨系统学两个分支，并给出了现代科学技术体系的矩阵结构，其中的系统科学体系可表示为表 4-1。

表 4-1　系统科学体系

哲学总论	辩证唯物主义
哲学分论	系统论
基础科学	简单巨系统学
	复杂巨系统学
技术科学	运筹学
	控制论
	博弈论
	事理学
工程技术	系统工程
	自动化技术
	从定性到定量综合集成工程

之后，国内一些学者也对系统科学体系的探索做了一些工作。

2008 年，中国航天社会系统工程实验室理事、社会系统工程专家常远教授在西北工业大学资源与环境信息化研究所北京基地召开的"庆祝人民科学家钱学森 97 华诞座谈会"上，也系统阐述了其对钱学森系统科学/系统工程理论与实践从抽象到具体的 4 层架构体系的认识：

1）哲学层——最抽象的层次。哲学是最高层次的学问，是人类对客观世界和主观世界规律的最高概括。它的宇宙观、人生观、方法论，对现代科学技术体系的构建、发展以及对个人学习和成长历程的指导作用非常重要。钱学森始终强调学习和掌握哲学的重要性，而连接系统科学与哲学的桥梁或纽带，就是系统论、系统哲学、系统思维或系统思想。

2）科学层——系统的基础科学层与系统的技术科学层。系统的基础科学层是以所有系统的共同特征和基本规律为研究对象的基本理论，即系统学。系统学从人类对各种具体系统的探索中抽象提炼出所有系统的共同规律，并从更高的抽象层面上指导人类对各种具体系统的认识与实践。系统的技术科学是研究各大类系统特征与规律并加以运用的学科群，包括运筹学、信息论、控制论、概率论等。

3）技术层——系统的技术。技术层是对系统哲学、系统的基础科学与技术科学加以运用的各类具体技术，是知识的具体化或物质化，包括系统模拟技术、网络技术、可靠性工程技术以及各种系统工程的技术支持系统等。

4）工程层——最具体的层次、实践的层次，即系统工程过程，用 ISO/IEC 15288 标准的术语来说，就是"系统生命周期过程（system life cycle processes）"。在这一层，根据特定系统的整体目标，对跨学科的理念、理论、策略、方法、技术以及跨领域资源进行系统集成，并应用先进适用的技术支持系统，对系统的构成要素、组织结构、信息交换和自动控制等诸多方面进行最优设计、最优控制，并努力使其持续进化。大型的系统工程往往涉及政治、经济、文化、自然环境与自然资源、管理、社会、心理等众多领域。

2012 年，在苗东昇（2012）著的《钱学森系统科学思想研究》中，结合他对通信技术、信息论、信息科学等的理解，将图 4-3 改为了图 4-4。

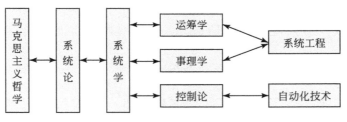

图 4-4 苗东昇修改后的系统科学学科体系

4.2.2.3 现代早期中国系统工程思想实践

在钱学森等的大力推广下，自 20 世纪 70 年代末以来，系统工程理论和方法得到广泛应用，宋健、蒋正华、汪应洛、于景元等一大批学者开始应用系统工程理论和方法来研究与解决国家的重大现实问题，在许多领域和方面都取得了较好效果。从 1978 年起，宋健、于景元、蒋正华等就用系统工程来解决人口问题，开展了"中国人口问题的定量研究"，为党和政府制定人口政策和人口规划提供了重要科学依据，并在理论上创立了具有中国特色的人口系统学。同年，陈锡康等将系统工程应用到了农业领域，开展了"农业投入产出技术理论与应用研究"，为制定农业生产计划，进行宏观经济分析和探索农业发展规律，提供了有力支撑。随后，刘豹等将系统工程方法应用到了能源领域，开展了"全国和地区能源规划"，为国家和地区制定能源政策提供了重要科学依据。1983 年，汪应洛等用系统工程方法进行人才规划，开展了"人才规划的系统分析"，为制定全国人才规划提供了重要支撑。1983～1985 年，王慧炯等基于系统工程理论开展了"2000 年中国的研究"，构建了 2000 年中国的宏伟发展蓝图。同在 1983～1985 年，马宾、于景元等开展了"财政补贴、价格、工资综合研究"，对当时的物价改革起到了积极的推动作用，受到了中央领导的高度评价，也被国内认为是系统工程的典型实践。1984 年，航天 710 所运用系统工程方法，率先在国内开展了国家宏观经济预测与发展规划研究，研究结果多次支撑了国家年度经济工作会议。1986～1989 年，钱振英以系统思维为指导，主持开展了"三峡工程论证"，有效指导了三峡水电站的顺利投产。1986～1990 年，钱振业等以系统工程理论为指导，开展了"中国载人航天发展战略研究"，为中国载人航天发展绘制了蓝图。

1. 财政补贴、价格、工资综合研究

1979 年以来，为了提高农民生产积极性，在农村实行了农副产品收购提价和超购加价政策，其结果不仅促进了农业发展，也提高了农民收入水平，但当时的零售商品（如粮、油等）的销售价格并未作相应调整，而是由国家财政给予补贴的。随着农业生产连年丰收，超购加价部分迅速扩大，财政补贴也就越来越多，以至成为当时中央财政赤字的主要根源；同时也使财政收入增长速度明显低于国民收入增长速度，财政收入占国民收入的比例逐年下降。这严重影响了国家重点工程投资，也制约了国民经济发展的增长速度。财政补贴产生的这些问题，引起了中央领导极大重视，有关部门提出了"变暗补为明贴"的改革思路，但究竟零售商品价格调整到什么水平，工资提高到什么水平，并没有一致意见。对钱学森大力倡导和推动的系统工程的大加赞赏者、时任国务院经济研究中心的副干事长的马宾就希望用系统工程的方法来解决这个问题。于是，在马宾的带领下，于景元等开始了这项研究。

研究人员首先通过与经济学家、各有关部门的管理专家进行研究和讨论，明确了问题的症结所在，找出了解决问题的途径，从而形成对这个问题的定性判断。然后以系统的观点为指导，把财政补贴、价格、工资以及直接或间接有关的各经济组成部分，看作一个相互关联、相互影响并且有某种功能的系统。并界定了系统边界，明确了哪些是系统环境变量，哪些是状态变量、调控变量（政策变量）和输出变量（观测变量）等，为模型设计、确定模型功能提供了定性基础。再基于大量的实际统计数据，提炼出了系统内部的某些内在定量联系，从而通过数学和计算机手段，实现了对系统的模型描述，即系统模型。通过该系统模型，按照不同的国力条件（环境变量）、调控变量（价格与工资），不同的调整起始时间、不同的调整幅度、不同的调整方法（一次调整到位或多次性调整），研究人员进行了 105 种政策模拟，并以市场平衡、货币流通与储蓄、职工与农民收入水平为度量标准（评价指标），寻求最优、次优、满意和可行的调整政策，从而定量回答同时调整价格与工资能否解决财政补贴问题、调整的效果如何，何时调整为宜、如何调整最为有利等问题。然后再召集管理专家、经济学家对这些定量结果进行讨论，并提出建议，然后再根据建议进行修改，最终形成了五种政策建议上报中央（于景元，2002）。

"财政补贴、价格、工资综合研究"对当时的物价改革起到了积极地推动作用，受到了中央领导的高度评价，也是系统工程思想的重要实践。钱学森对此项研究成果非常重视，不仅多次介绍，而且后来从理论与方法上进行了提炼与总结。既是"开放的复杂巨系统"概念提炼的重要实践基础，更是"从定性到定量综合集成法"提炼的主要依据。

2. 全国和地区能源规划

能源是我国社会经济发展的重要问题之一。刘豹等在 20 世纪 70 年代末就积极推动用系统工程方法来研究能源问题，进行能源规划，预测其与经济的协调发展，并组建了中国能源研究会系统工程专业委员会。他们通过对节能问题研究、能源工业系统分析、能源经济研究、国家能源模型研究，对能源供应进行了预测，提出了保证实现我国 2000 年的发展目标就必须采取节能措施等一系列重要科学论断，为制定国家能源政策提供了有力的科学依据，继而帮助国家计划委员会做出了节能规划、能源生产规划。

他们把能源从资源勘探、开发、生产、转换、运输、分配、储备和使用看作一个复杂的系统，综合运用运筹学和控制理论，通过调查研究确定要解决问题的范围和目标，然后收集数据、建立数学模型、利用模型做系统分析，并按一些最优指标做出合理方案，指导实践，并在实践中，根据实践结果进一步修正模型和方案。

他们在全国和地区能源规划研究中取得了丰硕成果。中国能源研究会进行了全国能源需求和供应预测的初步分析，编制了《中国能源政策研究报告》，为制定我国经济发展的奋斗目标提供了支撑。刘豹、许树柏（1981c）构建了天津地区能源模型体系，上海市能源模型研究组（1984）

开展了"上海市能源经济（近期）模型研究及其应用"，分别为这两地的能源经济规划和工业结构调整提供了理论依据。另外，吴宗鑫、何建坤、马玉清和孙永广开展了农村能源模型的初步探讨，缪国良、顾培亮构建了煤炭工业布局的逐级优化模型，田卫东构建了电站布局优化模型等为农村能源规划和部门能源生产布局规划提供了重要支撑（刘豹，1983）。

为了推动我国能源规划研究，刘豹积极组织能源规划培训工作。根据国家和欧洲共同体1982年签订的协议，在天津大学建立了天津能源规划培训中心，先后为我国培训了多名能源规划的专门人才，合作进行了能源规划、管理等研究①，扩大了我国在这一领域的国际合作交流，也推动了我国在系统工程方面的合作交流。

全国和地区能源规划是系统工程方法应用在能源领域的典型实践，为制定国家能源系统的有关政策提供了科学依据，多次获得国家部委和省市科技进步奖。

3. 年度国民经济发展的政策模拟和经济形势分析

1984年，在国务院发展中心和体制改革委员会支持下，在"财政补贴、价格、工资综合研究"的基础上，马宾同志带领航天710所率先在国内开展了"国家宏观经济预测与发展规划研究"，并持续研究了多年。

"国家宏观经济预测与发展规划研究"以系统工程方法为指导，通过专家研讨的方式，充分汇聚管理学家、经济学家等多领域专家的智慧。在此基础上，通过充分考虑经济、社会等多方面因素，如价格、利率、固定资产投资等，构建国民经济年度政策模拟和经济形势分析模型，进行年度经济政策模拟，从而进行下一年度的经济形势分析，形成分析报告。然后，再将形成的报告与管理学家、经济学家等专家进行讨论，听取他们的意见，并根据他们的意见进行再分析，再修改，形成新的报告，这样反复多次直到形成最终满意的报告。

航天710所的这项研究当时在国内形成了很大影响，得到了国家高层

---

① 韩文秀，张维，刘豹. 我国自动化仪表专业和系统工程学的开创者. http：//www. gmw. cn/content/2006-12/11/content_ 519387. htm

的高度重视，为各级领导和决策部门提供了决策的定量科学依据和参考信息，多次受到中央领导同志、有关部门领导及专家的肯定和称赞。1991年年底，当时的国务院副总理朱镕基曾专门听取了航天710所对这项研究的汇报。这项研究也获得了1991年度国家科技进步奖二等奖。

"国家宏观经济预测与发展规划研究"是继"财政补贴、价格、工资综合研究"之后，系统工程在社会经济领域的又一次成功应用，为综合集成方法的形成奠定了一定的实践基础。

4. 中国人口问题的定量研究和应用

20世纪七八十年代，人口问题是全世界面临的严重问题之一，尤其是中国的人口问题更为严重。中国人口基数大，其增长速度高于经济增长速度，如果不对其加以控制，中国将永远处于落后状态，然而控制人口增长，唯一的办法就是控制妇女生育率。于是，如何定量调节和控制妇女生育率，改变与控制人口发展趋势，以使人口系统繁衍过程朝着人们希望的方向发展，达到人类控制自己的目的，就成为一个急需解决的重要问题。

20世纪70年代末，宋健、于景元、蒋正华、王浣光等一批系统工程学者，就在国家计划生育委员会、国家统计局、公安部等的大力支持下，开始了对中国人口发展过程的定量研究，并在理论上建立了一门新的具有中国特色的交叉科学——人口系统科学。它由三个层次构成：①应用层次，将系统工程应用到人口系统并结合计算机技术，建立一套完整的适合我国特点的人口预测方法和相应软件包。②技术科学层次，将现代控制理论、系统工程理论与人口学结合起来，建立了人控制论和人口系统工程，包括：人口系统建模理论、人口系统参数辨识理论、人口指数的精确计算、人口系统预报理论、人口系统稳定性理论、人口系统动态分析、人口系统能控能观性理论、人口目标和人口规划理论、人口系统最优控制理论。③基础科学层次，以人口系统分布参数模型为基础，应用现代泛分析理论，建立了生灭过程的一般控制论，这个理论包括定常和定常人口发展方程理论、人口算子谱理论和稳定性理论、非线性人口方程理论、人口控制的极大值原理（宋健，1985）。

人口系统定量研究及其应用，是系统工程理论应用的一个典范，其研究成果为党和政府制定人口政策和人口规划提供了重要科学依据，受到了国内外学术界高度评价，1987年获得了国家科学技术进步奖一等奖。

5. 人才规划的系统分析

为使国家的人力资源，特别是专门人才，在数量、质量上和中国社会主义建设事业的发展相适应，对社会主义经济和科学技术的发展起积极的促进作用，20世纪80年代国务院组织了全国的人才规划制定，而制定人才规划所用的方法就是系统工程（汪应洛，2004），汪应洛等参与了这项工作。

以系统工程方法为指导，采用系统分析方法，构建了人才规划模型的总体结构框图、人才需求量预测子模型、人才拥有量预测子模型、教育规划子模型、成人教育规划模型，定量地描述人才供需关系，人才培养数量和经费、师资的关系，社会经济发展和人才需求的关系。根据社会经济发展和科学技术进步趋势，预测了2000年各层次、各专业人才的需要量和拥有量；计算了不同经费和师资等条件下，2000年内逐年的专门人才培养能力和供应数量，并分别显示在专业结构、学历层次、年龄结构、职称、级别等方面的供需平衡情况；计算了不同经费和师资等条件下，2000年内各层次、各类型学校的招生数、毕业生数和在校生数进行了政策分析。分析不同的专业结构、发展速度和规模，分析不同的人事、政策（晋升、退休和调配）等对专门人才供需情况和经费、师资的影响。在上述计算分析的基础上，确定了后续十七年内逐年培养的专门人才数量，提出相应的经费、师资和政策措施。

人才的培养、使用和人才规划是一项复杂的社会系统工程。汪应洛（1984）等用系统工程方法，定性和定量地分析了未来社会经济发展和科学技术进步与人才发展之间的各种复杂关系，以及人才发展和国民经济效益之间的有机联系，为制定中国的人才战略发挥了重大作用。

6. 三峡工程论证

长江三峡水利枢纽的开发是一项规模宏伟、效益显著、影响深远、举世瞩目的超大型工程。三峡工程具有防洪、发电、航运等综合效益，对国民经济的发展以及三峡地区社会与经济的变革起到一定的推动作用。但是三峡工程的建设又具有投资规模大、建设周期长、移民数量多、直接经济效益发生在 2000 年后等不利因素，是一个中长期具有巨大效益，近期又要承担一定风险和代价的工程。因此，进行三峡工程论证就不能简单地从三峡工程或电力产业等局部出发，而必须综合考虑多种因素进行系统分析。于是，1986 年，在钱正英等的领导下，重新开始了三峡工程论证。

鉴于三峡工程论证是项复杂的系统工程，决定采用先专题、后综合、综合与专题互相交叉的论证方法。将整个论证工作作为一个大系统，又划分了地质与地震、枢纽建筑物、水文、防洪、泥沙、航运、电力系统、机电设备、移民、生态与环境、综合规划与水位、施工、投资估算和综合经济评价 14 个专题（王儒述，2009），作为大系统中的子系统。其中，综合规划与水位、综合经济评价两个专题是综合性的。这 14 个专题又分为了 4 个层次：①基础——地质地震、水文、泥沙。②职能——防洪、发电、航运。③工程——水位（规模）、建筑、施工、设备。④代价——投资、移民、生态。

每个专题建立相应的专业组，分两个阶段进行综合论证。第一阶段，将各种建设方案归纳为设计蓄水位 150 米、160 米、170 米、180 米分级开发、分期开发 6 个方案，然后由各专业组进行初步论证，最后由综合规划与水位组进行综合分析，优选出一个各方面都能接受的方案，经各专业组通过后，作为三峡建设的"备选方案"。第二阶段，根据"备选方案"的综合效益，研究等效益或相似效益的替代方案。其方法是先由防洪、电力系统、航运专家组分别提出替代方案，然后综合规划与水位专家组综合提出一个替代方案。最后由综合经济评价专家组对"备选方案"和替代方案进行国民经济综合评价。综合经济评价分两个层次：一是工程建与不建的分析比较；二是早建（假定 1989 年）与晚建（假定 2001 年）的分析比较。根据评价结果，最后得出论证工作的总结论。

经过 2 年 8 个月的论证，1989 年，长江流域规划办公室重新编制了《长江三峡水利枢纽可行性研究报告》，认为建比不建好，早建比晚建有利，报告推荐的建设方案是"一级开发、一次建成、分期蓄水、连续移民"，三峡工程的实施方案确定为坝高 185 米，蓄水位为 175 米（葛美荣，2010）。在这个报告的指导下，2012 年 7 月 4 日三峡水电站顺利投产。

7. 全国农业投入产出表及其在粮食产量预测中的应用

在原中共中央书记处农村政策研究室和国务院农村发展研究中心、国家计划委员会农业局、国家统计局农业司、农业部计划司、商业部粮食综合司等单位的支持和帮助下，中国科学院系统科学研究所陈锡康研究员及郝金良、薛新伟顺利完成了国家自然科学基金项目"农业投入产出技术理论与应用研究"，首创了农业生产过程的能量产投比。

此项研究，在对列昂惕夫的投入产出分析进一步改进的基础上，提出了投入占用产出技术，并在原有计算完全消耗系数方法的基础上，通过增加固定资产的消耗，提出了新的计算完全消耗系数的方法，从而编制了全国农业投入产出表。这张农业投入产出表不仅能研究投入与产出之间的联系，而且能研究占用与产出之间的关系，实现了在水平方向把农产品区分为商品产品和非商品产品，在垂直方向上列出了占用的土地和各类固定资产，计算了农产品在生产过程中投入的有机能和无机能的比例，以及各种产品的能量产投比。

全国农业投入产出表，不仅在方法、理论上的独创之处达到了国际水平，而且在应用方面也有很实用的价值，当时的两项典型应用就是"对猪的收购价格提出了建议"和"进行了全国粮食产量预测"。

（1）对猪的收购价格提出了建议，为中央有关部门采用

中国 1980～1984 年粮食产量有大幅度上升，产量由 6411 亿斤[①]提高到 8146 亿斤，但猪的头数增长不快，1980 年年底中国猪的头数为 30 543

---

① 1 斤 = 0.5 千克

万头，1984 年为 30 679 万头。编制了 1982 年和 1984 年全国农业投入产出表后，发现畜牧业（猪）的纯效益为负值，为此向国务院农研中心和中共中央农村政策研究室提出了提高猪的收购价格的意见，为中央有关部门的决策，提出了重要的参考。1985 年后猪的收购价格提高，猪的头数和猪肉产量提高很快。[①]

（2）进行全国粮食产量预测

据 1987 年商业部粮食综合司和农牧渔业部计划司应用证明：此项研究对中国农业的投入产出关系作了深入的研究和数量分析，曾用来对中国 1981～1986 年全国粮食产量进行预测，预测平均误差在 3% 以下。对于国家安排粮食生产、购销、调度、进出口起了决策参考作用[②]。

全国农业投入产出表，为研究中国农产品生产中的投入产出关系，制订农业生产计划，进行宏观经济分析和探索农业发展规律，提供了一个有利工具。可通过全国农业投入产出表结合有关方法，预测全国农业产量，也可通过全国农业投入产出表，研究各类农作物、畜产品等的成本、价格和纯收入问题，研究工农业产品价格的剪刀差问题，研究主要农产品和副产品的使用方向，研究工农业产品价格变动的影响等。

全国农业投入产出表不仅是我国经济学研究上的一项重要成果，也是系统工程思想应用的典范，其将整个农业投入产出体系看成一个大系统，这个大系统又分了实物型表、价值型表和能量型表 3 个子系统。实物型表这个子系统中又含 40 种主要产品、16 种副产品、10 类非农业投入和 16 类固定资产等要素。价值型表子系统又由 24 个农业部门组成。能量型投入产出表由 47 类农产品得能量组成。并研究了子系统之间、要素之间等的关系（陈锡康，2004）。

8. "2000 年的中国" 的系统研究

为实现党的十二大提出的战略目标，构建 2000 年中国的宏伟发展蓝

---

① 农业投入产出技术理论与应用研究取得显著成果. http：//www. nsfc. gov. cn/Porta10/InfoModule_ 580/35760. htm
② 农业投入产出技术理论与应用研究取得显著成果. http：//www. nsfc. gov. cn/Portal0/InfoModule_ 580/35760. htm

图，为党的各项决策和规划积累材料，王慧炯（1984）等在20世纪80年代进行了"2000年的中国"的研究。

研究人员以一般系统论、工作过程方法论等系统工程方法为指导，通过定性及定量分析，构建了"发展战略与政策分析模型"、"宏观经济模型"、"人口与经济协调发展规划模型"、"产业结构定量分析模型"、"两大部类扩大再生产模型"及"长期趋势模型"等模型体系，描绘出了2000年中国的蓝图"人口可控制在12.5亿左右；人民的生活可达到多层次的小康水平；经济实力将跃居世界第六位或第五位；工业产值相当于美国20世纪80年代的水平；农业将适应经济发展和人民生活的需要；建立起灵活的对外开放型经济；建成有中国特色的社会主义经济体制；科技水平与世界水平相距十年到二十年；文教、卫生、体育事业获得新的发展；传统观念将有较大的变化"。

为能确保这个蓝图的实现，研究人员还提出了相应的政策体系：选择富国裕民的翻两番战略；实现小康生活水平，必须严格控制人口；为2.5亿人就业开辟多种途径；人民消费与人均国民收入应当同步增长；人民的消费结构应符合国情的特点；调整产业结构应以消费结构为导向；按照"贸工农"的格局调整农村产业结构；突破交通与通信这一国民经济的薄弱环节；加强技术工作改造作用，向技术改造要能源；实现"翻两番"应取节约型的资源战略；落实环境保护措施应务求实效；发挥相对经济优势，改善经济梯度结构；建立新型的"技术复合体"；更新教育观念，培养创造型人才；实行国家资金有偿使用的改革；用经济手段确保国家重点项目的建设；"非生产性建设"投资不宜减少；城镇住宅的根本出路是住宅商品化；运用经济杠杆，确定最优的外贸结构；引进外资，数量应当适度，时机早比晚好；把企业建成国家、集体、个人的命运共同体；采取"小步渐进型"的调价方法；加强货币发行和信贷投放的宏观管理；完善考核国民经济发展的指标体系；使用核算价格，为宏观决策提供依据。

"2000年的中国"研究，不仅对中国的经济发展起到了十分重要的作用，也是系统工程原理和方法的重要实践，也在一定程度上推动了系统工程的发展。

9. 中国载人航天发展战略研究

1986 年 3 月，邓小平同志指出"在高科技方面，我们要开步走，不然就赶不上，越到后来越赶不上，而且要花更多钱，所以从现在起就要开始搞"。因此，以"863"为代号的国家高新技术研究发展计划开始实施。

载人航天就是"863"计划的重要组成部分，然而中国作为一个发展中的大国，要不要搞载人航天？怎样搞载人航天？选择什么样的技术发展途径，才符合中国的国情和国力？当时众说纷纭，各抒己见，难以形成定论。为此，钱振业会同杨广耀、韦德森等组成的航空航天战略小组开展了"中国载人航天发展战略"研究。

在研究过程中，考虑到载人航天工程是一项研制周期长、投资规模大、技术复杂的巨型系统工程体系，将涉及政治、经济、军事、科技、社会以及外交等各方面因素，因此航空航天战略研究小组决定运用"总体设计思想"、"定性定量相结合的综合集成方法"等系统工程思想和方法开展研究。

历经 4 年的研究，在充分分析资料和深入调查研究的基础上，运用辩证唯物主义的观点，采用系统工程定量与定性相结合的软科学研究方法，以系统的观点和方法为指导，进行了综合的分析研究。系统地分析了世界载人航天技术发展的经验与教训，并结合全球和国家的战略方针，从不同的角度，不同的侧面和层次回答了："中国为什么要搞载人航天"和"怎样搞载人航天"，以及"应采取的发展战略，目标体系和技术途径"，提出了关于中国载人航天"不能不搞、不能大搞、飞船起步、平稳发展"的战略思想及将任务目标分阶段来实施的发展思路，提出了一条中国如何走自己开拓宇宙空间的发展道路（钱振业，2006）。

"中国载人航天发展战略研究"不仅为中国载人航天的发展指明了道路，也是系统工程思想实践的一个典型案例，钱学森所倡导的"总体设计"思想和"综合集成"方法在课题研究过程中得到了充分体现。

4.2.2.4 现代早期中国系统工程方法探索

20世纪七八十年代，由于系统工程刚传入中国，中国在系统工程方法创新上并未提出普遍认可的成果，主要还是借鉴西方的系统工程方法，尤以霍尔的系统工程方法论为我国大多数专家学者所推崇。正如顾基发（1994）在《系统工程方法论的演变》中所述，"从1978年起由钱学森教授等在全国范围内宣传、推广系统工程后，霍尔的系统工程方法论一直为我国大多数专家、学者以及一些实际工作者所遵循"。霍尔系统工程方法论的核心内容是最优化，并认为现实问题基本可以归纳成工程系统问题，应用定量分析手段，求得最优解答，强调"定量分析"和"最优"。因此，国内一些系统工程专家在研究系统工程问题时，也强调定量分析，在对问题进行调查分析的基础上，通过构建数学模型并仿真，找到最优解或满意解。定量研究成为当时国内的一种潮流，如宋健（1982）在《社会科学研究的定量方法》一文中就写到，"借助于数学工具，用定量描述的方法去研究各种社会现象的特征及其发生和发展的进程，近来已成为一种潮流"。

事实上，钱学森等在这个时期就已开始探索"从定性到定量的综合集成方法"。马宾、于景元等开展"关于财政补贴、价格、工资的综合研究"，被认为是"从定性到定量的综合集成方法"的典型实践，于景元和涂元季（2002）在《从定性到定量综合集成方法——案例研究》中就对此进行过专门介绍。只是在这个时期，钱学森等还未真正认识到"从定性到定量的综合集成方法"，而更多强调"定性与定量相结合"，如1987年8月11日在中央、国家机关和北京市司、局以上领导干部科学决策知识讲座开学式上的讲话《关于科学决策问题》中，钱学森把航天710所创建的方法提炼、概括为"定性与定量相结合的系统工程方法"，并指出，这一套领导决策方法是真正科学的，是决策的民主化和科学化。1988年3月9日，《人民日报》发表的钱学森重要谈话中也提到"希望促进社会科学与自然科学的联盟，用'定性与定量相结合的系统方法'研究社会主义初级阶段理论"（卢明森，2005）。

在定量研究的热潮中，一些定量描述的成果或方法相继形成，最为典型的就是一些重要数学模型被构建，正如刘豹（1984b）在《再论系统工程的任务、内容和方法》中所述，"定量分析方法的根本是建立数学模型"。能源系统数学模型、财政补贴、价格、工资综合模型等数学模型都是这个时期的重要成果。

1. 能源系统数学模型

在对能源系统工程长期研究和实践的基础上，刘豹（1981b）在《能源系统工程和能源数学模型》一文中提出了能源系统线性规划最优化供应模型、能源经济模型和能源逐级优化模型等几类能源系统数学模型。

（1）能源系统线性规划最优化供应模型

线性规划是人们常用的一种最优化方法，它的方法成熟、结构简单、运算方便，因此，被最先用于建立能源模型。这种模型的基础是能源系统网络流程图，它是能源从开发、生产、转换直到最终使用状况的一种数量表达形式。网络图的结点表示能源的各种形态，连接两个结点的有向线表示两种能源形态之间的转换关系。

能源系统线性规划最优化供应模型的变量，一般应为网络图中的能流量，模型的目标函数可以为一次能源总消耗量最少、能源转换效率最高、能源造成的污染水平最低等。能源热平衡、资源条件、供应水平、最终能源需求量等限制则作为约束条件。

这类模型主要用于解决能源的最优供应方案问题。

（2）能源经济模型

能源问题是国民经济中的一个子问题，要全面研究能源问题，必然要研究与之有关的国民经济问题。因之，研究国家的或地区的能源问题时，就需用能源经济模型。

目前常用的能源经济模型大都是由下列四个子模型组成的一个模型系统：宏观经济模型、（动态或准动态）投入产出模型、能源工业模型和能源供应模型。这些子模型彼此密切关联，而每个子模型又都可以单独使用以解决某些局部问题。整个模型系统可以用来解决能源规划、政策评价、方案评比等问题。

（3）能源逐级优化模型

在研究能源规划时常碰到的难题是能源工业最优化投资与合理布局问题，这类问题不但要研究的变量多（以煤炭问题为例，要研究各地的矿井、从不同矿区到需用地的不同运输方案，其变量多到成千上万），决策的层次多（先要确定各大区开发方案，再确定各大区中各矿的开发方案，最后还要确定各矿区中各矿井的建设年份和规模），而且需要多次和决策者对话，多次咨询能源专家的意见。这种情况，再用一揽子解决方案几乎是不可能的。我们提出了一种行之有效的能源逐级优化模型，将整个大问题分解成若干个子问题，分成几级，逐级优化。每级优化过程中，都请决策者在结果上做最后抉择，再请能源专家提出下级的多种方案，再对此优化，如此逐级优化，将大问题化整为零，既便于计算，又能及时和决策者对话。

2. 财政补贴、价格、工资综合模型

财政补贴、价格、工资综合模型是马宾、于景元等在"财政补贴、价格、工资综合研究"中建立起来的。

这个模型以市场平衡为中心，在结构上分为两大部分，一部分是国民收入分配和零售市场；另一部分是各产业部门的投入产出关系。前者由115个变量和方程所描述，其中有44个发展方程、7个时序模式和64个关系模式。包括轻工业产值、重工业产值、生活服务费用价格指数、国家对农村社队企业贷款额、农业总产值中队办工业产值、烟、酒、茶类价格指数、全民所有制企业新增职工人数、农村和城市人口总数、农业生产管理变量、城镇集体企业职工人数、全民所有制企业退、离休职工人数、集体企业职工退休人数、外贸政策变量、全民所有制工业企业职工劳动生产率14项环境变量和粮食零售国营牌价、全民所有制职工工资总额、衣着类价格指数、日用生活用品价格指数、农业生产资料价格指数、食用植物油零售牌价6项调控变量，用来体现外部环境和调控政策。后者是237个部门的产业关联矩阵。

这个模型可以进行政策模拟，也可以作经济预测，其平均模拟误差和预测误差都在 3% 以内，满足经济研究中的精度要求。运用这个模型，按照不同的国力条件（环境变量），调控变量（价格与工资）不同的调整起始时间、不同的调整幅度、不同的调整方法（一次调整到位或多次性调整），进行政策模拟，并以市场平衡、货币流通与储蓄、职工与农民收入水平为度量标准（评价指标），寻求最优、次优、满意和可行的调整政策，从而定量回答同时调整价格与工资能否解决财政补贴问题、调整的效果如何、何时调整为宜，如何调整最为有利等问题（于景元和涂元季，2002）。

4.2.2.5　建立社会主义建设总体设计部的探索

正如前文所述，早在 20 世纪 50 年代末 60 年代初，钱学森就将系统科学知识和总体设计部思想应用于航天实践，成立了服务于型号研制的总体设计部。钱学森深深感到我国的"两弹一星"之所以能够取得举世瞩目的成就，为国争光，为民争气，总体设计部发挥了重大的作用[①]。于是，钱学森根据他在"两弹一星"研制中总体设计部极为成功的经验，研究了社会的发展规律，按照系统工程的设计原则，于 1979 年提出了建立国民经济总体设计部的建议。

钱学森运用整体观和系统科学的方法，分析综合了我国社会主义建设的系统结构，认为从总体上，大致可分为四个领域、九个方面，即"社会主义政治文明建设，包括民主建设、体制建设和法制建设；社会主义物质文明建设，包括经济建设和人民体质建设；社会主义精神文明建设，包括思想建设和文化建设；社会主义地理建设，包括环境保护、生态建设和基础设施建设"。从上述分析可知，我国的社会主义建设是一个非常复杂的开放的巨系统，要以经济建设为中心，又必须使各个方面协调发展，相互

[①]　钱学森. 2005. 论"社会主义建设总体设计部". http：//www. hd-qxs. com. cn/xsyj. php@ col = 24&file = 329. html

配合、相互促进，只有这样才能获得较高的工作效率，取得预想的成就。为此，钱学森提出设置专门从事社会主义建设的总体设计部，对这4个领域、9个方面的工作和问题，进行总体分析、总体论证、总体设计、总体规划、总体协调，抓住关键，提出现实可行的各种配套方针政策和发展战略，为决策者和决策部门提供科学的决策方案。社会主义建设的总体设计部是国家建设的顶层设计，实际上是一项总体设计的系统工程（钱学敏，1994a，1994b）。

钱学森的建议受到了党和国家领导人的高度重视，并曾专门组织了讨论。建立总体设计部也是周恩来总理生前的殷切希望。他就曾建议把组织领导我国进行"两弹一星"设计、研制、发射的工作班子与工作方法——总体设计部，推广应用到社会其他领域[①]。1990年，钱学森又提出建设社会主义文明建设总体设计部，后来又提出"从定性到定量综合集成研讨厅体系"，也就是"大成智慧工程"，这就为建立总体设计部找到了最理想的组织形式和工作方法，使之切实可行（于景元，2001，2004）。

4.2.2.6 "系统学讨论班"碰撞出诸多系统工程思想火花

为创建系统学，在钱学森同志的亲自倡议和指导下，从1986年1月起组织了由众多领域知名学者参与的"系统学讨论班"学术活动。

"系统学讨论班"每周一次，自由参加，一次一个主题报告，报告人都是奋斗在国内科学界前沿的学者，钱学森认为他们的学问有助于建立系统学，便邀请来做报告。以他们的学术报告为主，大家自由发言，最后由钱学森做总结发言。"系统学讨论班"连续举办了近7年，钱学森每次都参加，直到1992年之后，由于钱学森的健康原因，出门行动不便，才改为了在钱学森家里组织小讨论班。

"系统学讨论班"当时在学术界引起了强烈反响，可谓盛况空前。钱

---

① 钱学森. 2005. 论"社会主义建设总体设计部". http：//www. hd-qxs. com. cn/xsyj. php@ col = 24&file = 329. html

学森许多有影响的思想和观点就是从这个集体研究活动中提炼出来的，如划分两类巨系统，形成开放的复杂巨系统概念；提炼定性定量相结合综合集成法的基本思路，形成了综合集成方法雏形。可以说，"系统学讨论班"就是那个时期推广和发展系统工程的"根据地"，对于宣传系统科学、推动系统工程发展起了巨大作用。正如苗东昇（2012）的《钱学森系统科学思想研究》对"系统学讨论班"的影响的评价，"'系统学讨论班'的影响不可低估。一则参加人员不计其数，流动性大，有时还有京外学者参加，影响范围极大，参加者大多成为系统科学界后来的活跃人士。二则学术报告的质量一般都高，前沿性强，推动了一般系统论、耗散结构论、协同学、超循环论、突变论、混沌学、分形学等新学科在国内的传播和研究，对于宣传系统思想、推动系统科学发展起了很大作用"。钱学森的儿子钱永刚教授在谈到举办"系统学讨论班"的原航天 710 所时，也强调"钱学森晚年最大的两个亮点思想（系统学和从定性到定量的综合集成方法）都是在 710 所完成的，这里是诞生辉煌成就的地方"。钱学敏教授在"系统总体设计思想与一流智库再造"座谈会中提到，"钱学森系统科学思想的精华和主线，渗透和贯通于他系统思想的各个方面，用系统科学的思想来具体研究航天系统、国家管理。这样的思想，是怎么来的呢？其实，还是在航天 710 所的'系统学讨论班'里学来的"。

4.2.3　现代后期中国系统工程思想

20 世纪 80 年代，复杂性科学研究在世界范围内广泛兴起，引起了学术界的高度重视，被誉为"21 世纪的科学"，这一阶段也被誉为系统科学发展的新阶段。80 年代末 90 年代初，中国系统工程经过 10 余年的研究和实践，也转向了复杂巨系统的研究。

1987 年，钱学森在"系统学讨论班"上提出了简单巨系统、复杂巨系统和特殊复杂巨系统的概念，给出了系统的一种新分类（苗东昇，2012）。在此基础上，于 1989 年在系统学讨论班上首次明确提出了开放复杂巨系统的概念，并于 1990 年通过《一个科学新领域——开放的复杂巨系统及其方法论》首次向世人公布了这一新的科学领域及其基本观点（钱学森等，1990）。1990 年 10 月 16 日，钱学森在系统学讨论班上又作了《再谈开放的复杂巨系统》的报告，并于 1991 年在《模糊识别与人工智能》发表，对其内涵和外延作了进一步补充（钱学森，1991）。在 1992 年又提出从定性到定量综合集成研讨厅、大成智慧学、大成智慧教育和大成智慧工程等概念，并于 1993 年提出复杂性定义（戴汝为，2001）。

随后，一大批系统工程学者开始了复杂巨系统理论探索和应用实践，并取得了诸多成果，汪寿阳等（2007）在《TEI@I 方法论及其在外汇汇率预测中的应用》中就讲到，"在复杂系统中，由于各组成要素的交互作用和外部因素的相互影响，复杂系统具有突现性和非线性等特征，使得传统的线性研究范式很难处理复杂系统的相关问题。基于此，众多学者被吸引投身于此领域的研究，从而形成了一个新的交叉性学科——复杂性科学，并涌现出许多新的理论、方法和模型"。在方法论上，继从定性到定量综合集成方法后，顾基发、王浣尘又分别提出"WSR 系统方法论"、"旋进方法论"等东方系统方法论。在应用实践上，系统工程已被广泛应用到社会多个领域，形成了社会系统工程、环境系统工程、交通系统工程等诸多领域系统工程，受到了党和国家领导人的高度重视，体现了中国领导层系统工程思维。党的十八届三中全会成立全面深化改革领导小组，旨在负责总体设计、统筹协调、整体推进、督促落实，就是系统工程思想的典型体现。在学科构建上，笔者进行了系统工程学科体系探索，初步构建了系统工程学科体系框架。系统科学和系统工程在国内已被广泛接受和认可，其研究也得到了国际学术界的高度重视。戴汝为（1991）在《复杂巨系统科学——一门 21 世纪的科学》一文中就写到，"复杂巨系统科学与复杂性科学都是当前国内外关注的、以多学科交叉与整合为特点的前沿学科"。但由于研究者从事的具体工作不同，认识问题的角度不同，对系统工程的认识也产生了差别，形成了百家争鸣的局面，正如 1.1.2 节所述，多位专家学者都对系统工程提出了自己的定义。

4.2.3.1　系统工程学科体系探索和知识系统工程创建

钱学森等一批科研学者对系统科学、系统工程做了大量研究,并建立了系统科学的体系框架。但时至今日,笔者在调研时发现,大量系统工程专业的博士、硕士研究生,在谈起本专业时,仍旧会说"系统科学是博大精深的,但是正是这种博大,也给人博而杂的感觉,导致系统科学体系不系统,系统工程学科不系统"。不得不承认的是,当前系统工程的核心理论、各种理论相互关系、未来发展方向等仍旧驳杂不清,有待梳理。

1. 系统工程学科体系探索

钱学森与系统工程领域的专家学者通过学术报告会、座谈和研讨等方式,使得系统工程学科不断发展壮大,在国内外产生了深远影响,并取得了非凡成就。西北工业大学资源与环境信息化工程研究所从创立伊始就学习和继承了这种模式。为使得系统工程学沿着科学、理性和实践的要求发展,笔者及其大量博士、硕士研究生,对系统工程发展和系统工程学科体系构建开展了大量研究工作。我们提出,系统工程是运用系统和工程的思想、理论、方法和技术,科学处理和解决日益复杂的自然与社会实践问题而形成的从系统整体出发,应用现代数学、计算机、网络计算等工具和手段,对系统的构成要素、组织结构、信息交换和反馈等功能进行分析、设计、制造和服务,以充分发挥人力、物力的潜力,达到系统的最优设计、最优控制、最优管理等目标,从而产生的组织管理技术的学科。系统工程学科的发展方向应当包括系统工程学科发展理论探索、理论系统工程、技术系统工程、应用系统工程等。

人类文明史的演变规律是系统工程思想史的本源,依附于思想史的理论、方法和技术的进步,不断推动着系统工程学的发生、发展;决定了其未来走向。人类思想的突破、认知理论的飞跃、认识方法论的变迁、重大技术的进步为系统工程发展提供了支撑条件,同时人类需求对系统工程发展提出了客观要求。通过研究系统工程学科的发展规律,依据以上思想,最终按照思想→理论→方法→技术→实践的脉络，建立了系统工程学科体系（图4-5）。已列出的现代系统工程导论、技术系统工程、领域系统工程等研究成果皆已出版，系统工程思想史和理论系统工程的成果正在编写过程中。系统工程学科体系的开放性、整合性和超领域性决定了技术系统工程、应用系统工程包含图中所列部分但不仅限于此，其必然随着时代进步而不断完善和淘汰更新，以适应系统工程实践的要求。

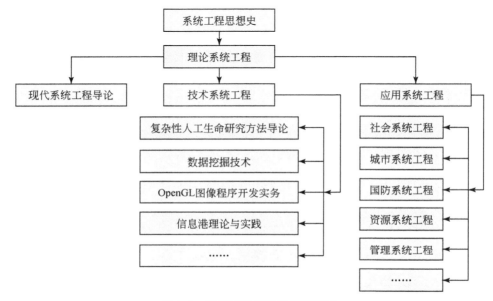

图 4-5　系统工程学科体系架构图

2. 知识系统工程学科创建

大连理工大学王众托院士在自己多年运用系统工程思想与方法进行信息化管理的研究和实践中，感到有必要从信息管理发展到知识管理以提高企业的核心竞争力，并于 1999 年 5 月提出建立知识系统工程新学科的建议。他认为，对能源进行系统性研究，可建立能源系统工程这样一个领域和相应的能源系统工程学科；对信息进行系统性研究，可建立信息系统工程这样一个领域和相应的信息系统工程学科；对知识系统的研究也可提升到系统工程的高度，建立知识系统工程这样一个新的学科分支，对知识管理、知识经济的研究，将开拓一条新的途径。

王众托（2003）按照钱学森关于系统工程的定义，将知识系统工程定义为组织管理知识的技术，提出知识系统的体系结构包括组织体系结构、人员体系结构、技术体系结构、经营体系结构和文化体系结构等，并按照钱学森的现代科学技术体系思想，探讨了知识科学的学科体系结构。他在《知识系统工程与现代科学技术体系》一文中写到，"钱学森先生还将各学科分成基础科学、技术科学和工程技术 3 个层次，并且认为'对系统工程的理论基础，除了共同性的基础之外，每门系统工程又有其各自的专业基础'，因此，建议针对每一个专业部门可以建立特有的系统工程学科。30 年来的实践表明，许多专业的系统工程学科的建立、发展和运用都取得了很大的进展。我们之所以提出建立知识系统工程学科，也正是按照钱老的上述思想进行的"（王众托，2011）。

4.2.3.2　复杂巨系统方法（论）探索

顾基发（1994）在《系统工程方法论的演变》一文中将系统工程方法论的发展分为三个阶段：硬系统工程方法论阶段、软系统方法论阶段和东方系统方法论阶段，并提到"从四十年代到八十年代国内外基本上都是西方提出的种种系统工程方法论所占据着系统界的舞台，到了九十年代在东方出现了一些新的系统方法论"。国内在系统工程的研究和实践中，也提出了自己的方法论，如钱学森等提出了"从定性到定量的综合集成方法"，中国科学院系统科学所顾基发教授等提出了"WSR 系统方法论"，上海交通大学王浣尘教授等提出了"旋进方法论"，中国科学院周光召院士等提出了"复杂适应系统演化基本原理"，北京师范大学方福康教授等提出了"系统'J'结构理论"，中国科学院过程研究所李静海院士等提出了"复杂系统的多尺度方法"，清华大学陈剑教授等提出了"定性与定量结合的智能决策支持方法体系"，中国航天系统科学与工程研究院王崑声院长等提出了"量度工程"，中国科学院数学与系统科学研究院陈光亚教授、汪寿阳教授等和中国科学院数学与系统科学研究院郭雷教授分别在

"向量优化"和"反馈作用及能力"方面取得突破性研究等，都在国内外造成了一定的影响，尤其是"从定性到定量的综合集成方法"和"WSR系统方法论"成为东方系统工程方法论的典型代表。

1. 从定性到定量的综合集成方法

在长期的系统工程研究和实践的基础上，钱学森等（1990）在《一个科学的新领域——开放的复杂巨系统及其方法论》中提出了"定性与定量相结合的综合集成方法"。为了从认识论上澄清，后来又改为了"从定性到定量综合集成方法"，这是钱学森系统思维和系统思想在方法论上的具体体现。

综合集成方法实质就是把专家体系、数据和信息体系以及计算机体系有机结合起来，构成一个高度智能化的人机结合、人网结合的体系，它的成功应用就在于发挥这个体系的综合优势、整体优势和智能优势，它能把人的思维、思维的成果、人的经验、知识、智慧以及各种情报、资料和信息统统集成起来，从多方面的定性认识上升到定量认识。

运用这个方法也需要系统分解，在分解后研究的基础上，再综合集成到整体，实现 1+1 > 2 的飞跃，达到从整体上研究和解决问题的目的。综合集成方法吸收了还原论方法和整体论方法的长处，同时也弥补了各自的局限性，它是还原论方法与整体论方法的辩证统一，既超越了还原论方法，又发展了整体论方法。

综合集成方法作为科学方法论，其理论基础是思维科学，方法基础是系统科学与数学科学，技术基础是以计算机为主的现代信息技术，实践基础是系统工程应用，哲学基础是马克思主义认识论和实践论，包括定性综合集成、定性定量相结合综合集成和从定性到定量综合集成三个过程，实质就是从定性综合集成提出经验性判断，到人机结合的定性定量相结合综合集成得到定量描述，再到从定性到定量综合集成获得科学结论。

1992 年，在"从定性到定量综合集成方法"的基础上，钱学森针对如何完成思维科学的任务——"提高人的思维能力"这个问题，进一步提出"从定性到定量综合集成研讨厅"，并按照中国文化习惯，将"从定性到定量综合集成技术"命名为"大成智慧工程"（于景元和涂元季，2002）。

2. WSR 系统方法论

物理-事理-人理系统方法论（wuli- shili- renli system approach，WSR系统方法论）是一种东方系统方法论，它是顾基发在 1994 年在英国 Hull大学时与英国的朱志昌共同提出的，在国内外已经得到一定的公认，并于系统科学、评价领域、管理科学等 24 个领域中，成为解决复杂问题的有效工具。WSR 既是一种方法论，又是一种解决复杂问题的工具，由于其观察和分析问题，尤其是观察分析复杂特性的系统时，体现其独特性，并具有中国传统的哲学思辨，国外学者把其与 TOP（technical perspective, organizational　perspective,　personal　perspective）、TSI（total　systems intervention）一起列为整合系统方法论一类。WSR 系统方法论包括物理、事理、人理三个方面，主要内容如表4-2 所示。

表4-2　WSR 系统方法论内容

	物理	事理	人理
对象与内容	对象与内容客观物质世界法则、规则	组织、系统管理和做事的道理	人、群体、关系为人处世的道理
焦点	是什么；功能分析	怎样做；逻辑分析	最好怎么做；可能是人文分析
原则	诚实、追求真理	协调、追求效率	讲人性、和谐追求成效
所需知识	自然科学	管理科学、系统科学	人文知识、行为科学

WSR 系统方法论，其核心是在处理复杂系统问题时既要考虑对象的物的方面（物理，W），又要考虑这些物如何被优化运用的事的方面（事理，S），同时，还要突出人的作用（人理，R），达到知物理、明事理、通人理，从而系统、完整、分层次地来对复杂问题进行研究。在应用中需要根据研究对象本身的特征对 WSR 的具体内容进行界定。根据复杂系统自身特点，在运用过程中系统工程者都对 WSR 的内涵做了必要的适用性调整。

基于 WSR 系统方法论，目前已经有了大量研究成果，例如，韩艺、李发文等分别研究了智能公交系统和水库预泄调度方案；寇晓东、张强、王磊、田硕等分别对城市发展、环境安全、企业安全管理、战略决策和价值工程等问题进行了研究；此外，还有学者用 WSR 系统方法论研究了知识管理、ERP 项目执行中的风险因素、质量评估、建筑企业的文化创新等；而在项目管理方面，黄海英对用 WSR 系统方法论认识项目管理做了初步的尝试，余立中则对大型工程项目管理的 WSR 系统模式进行了初步的实证研究（顾基发和唐锡者，2006）。

3. 旋进方法论

针对难度自增值系统（即处理这类系统的困难程度会随着处理过程和时间进程而增加的系统），上海交通大学王浣尘教授（1994）在《一种系统方法论——旋进原则》一文中提出了旋进方法论。

旋进方法论，即在处理难度自增值系统过程中，以动态跟踪系统目标为宗旨形成一条主轴线，坚持将多种方法相结合或交替灵活应用并及时进行反馈调整，以使系统在变化或演化过程中尽可能地接近主轴线，经过努力推进实现相对的、有限的优化（王浣尘，1995）。在进一步研究的基础上，1997 年他又给出了适用于完全确定型信息系统、完全随机型信息系统和状态依赖型系统的旋进原则方法论的一些模型与判据（严广乐和王浣尘，1997）。

旋进方法论已在一些研究中得到广泛应用，如刘媛华和严广乐（2010）等运用旋进原则设计了企业集群创新系统持续发展的旋进策略，陈德智等（2004）研究了基于旋进方法论的技术跨越模式。这表明了这种处理问题的原则和指导思想在实际应用过程中有一定的威力，并有着一定程度的普适性。

4. 复杂适应系统演化基本原理

2002 年，周光召在《复杂适应系统与社会发展》一文中提出了复杂适应系统演化的三个基本原理。他认为，一个复杂适应系统的结构在演化的时候，有几个基本的规律起着主导作用，这几个规律不仅有着大量事实的验证，而且已经成为研究复杂系统的基本出发点，我们把它叫做原理或论。有三个比较重要的原理或论：一个是守恒原理，一个是开放论，一个是进化论。

守恒原理指的是在事物不断发展变化的过程中，总会有一些"量"是不变的，像物理系统里的能量、电荷，化学系统里的元素，经济系统里的资金、货物等，这些东西都是由一只手转到另一只手，不会无中生有，也不会无端消失，在整个运动变化过程中总和保持收支平衡，这种"量"就叫守恒量，它们随时随地都满足一个叫做守恒的方程。

关于开放论，周光召认为："热力学第二定律是宏观物理学的基本定律，我们生活的世界上的各种结构运动都要遵守。对封闭系统来说，这个定律表明运动的无序度会不断增大，而且其中发生的过程都是不可逆的，有序状态会逐渐消失，最后转变为无序的热平衡状态。所以有序的结构和有序的运动是不能够在封闭的系统中产生的，这是热力学第二定律的一个重要结论，也是我们为什么要开放的一个重要原因。封闭使系统状态走向无序，但是自然界中不断从无序状态生成有序的组织和物质，像晶体、生物、社会组织等，它们并不违反热力学第二定律，因为它们不是从属于热平衡的封闭系统中产生的，而是从远离热平衡的开放系统中产生的，这是开放论的最重要的一个出发点。"

关于进化论，周光召认为："地球上现存的生物物种都是共同的祖先长期进化来的。而进化是基因变异、遗传繁殖和自然选择三种因素综合作用的历史过程，其中自然选择是进化的主要因素。即使同一个种族的个体之间，由于多种原因，基因也不完全相同，个体的性状和体能会有差异。在相同的环境下，有的个体在相互竞争中体能强，也有的会采取更好的策略，如伪装、共生等以适应当时的环境，结果这些个体得到更多的生存机会，它们的体能和智力获得遗传并繁殖更多的后代，在种群中取得优势。在生物进化学说被广泛接受以后，进化的观念向两个方向扩展，一方面是把生物进化的一般结论应用于人类；另一方面是将它推广到无机自然界。将生物进化引向人类形成人类起源和社会进步的观念，人类学已经基本上科学地阐明了从猿到人的进化轮廓，社会学也大体上论述了从原始社会到共产主义社会的社会进步。"

复杂适应系统演化原理是一个横跨物质系统、生命系统、社会经济系统三大领域的系统科学普适性基本原理，能提出这样一个原理在国内外尚属首次（杨振宁和王选，2003）。

5. 系统"J"结构理论

在从现代经济增长事实和复杂性角度深入研究经济增长的原因和机制的基础上，北京师范大学方福康和袁强（2002）在《经济增长的复杂性与"J"结构》一文中提出了复杂系统的"J"结构。

"J"结构是经济增长复杂性的一种重要模式，这种具有潜在后发优势但又需要先期投入的经济现象普遍存在于国际贸易、金融、教育、人力资源、生态环境等不同领域，但由于增长的复杂性，"J"结构及与之相对应的"J"过程或"J"效应往往被波动所掩盖。事实上，一种具有潜在后发优势但又需要先期投入的经济现象都有可能产生"J"效应或"J"过程，在经济增长的各个方面都有反映。"J"过程的本质就是系统如何从一个定态越过势垒达到另一个定态。在系统方程中的变量间有这么一些条件，如果这些条件满足，则必然导致"J"过程的发生。

"J"过程可用来表示宏观经济系统中宏观变量之间的相互关系，体现了这些宏观变量之间的非线性相互作用机制。

6. 多尺度方法

针对化学工程的多尺度结构和多态性问题，李静海等（2004）在《化学工程中的复杂系统及多尺度方法》中，提出了多尺度方法。

多尺度方法的关键在于不同尺度模型间的关联。对复杂系统进行尺度和控制机制的分解，不同控制机制分别被表达为一种极值趋势，不同机制之间的协调形成系统的稳定性条件，数学上它可表达为这些机制互取条件极值的多目标变分问题，而它也把不同尺度上的动力学约束关联起来，形成封闭的模型。

多尺度方法最先在颗粒流体系统中获得成功，建立了多尺度能量最小（EMMS）模型，后来逐步推广到单相湍流、三相流和乳液体系中。多尺度方法是解决复杂系统不同模型间关联的有效方法，实质是对还原论和整体论的关联。

7. 定性与定量结合的智能决策支持方法体系

清华大学陈剑、朱岩通过研究项目实践，进行了基于神经网络和定性推理的智能化决策支持方法探索，建立了定性与定量结合的智能决策支持方法体系。

该体系首先建立了一个面向复杂决策问题的决策支持系统框架。在该框架下，就决策问题的界定和表述、决策者偏好获取、优化效率以及神经网络在 DSS 中的应用等难题，对一系列创新性关键技术进行了深化研究，包括定性推理方法、基于质量功能配置的决策分析方法、不确定性的表示方法、基于不完全知识的多目标决策技术、决策神经网络方法以及神经网络结构优化、基于旋转正交遗传算法和基于数论网格的遗传算法等优化技术等。

定性与定量结合的智能决策支持方法体系，在理论研究上已达到国际先进水平，部分成果和思想已经应用于复杂问题决策支持系统的研究和开发工作，如"青岛宏观经济决策支持系统"的研制开发、虚拟企业研究、供应管理研究等，并获得了 2001 年度北京市科技进步奖二等奖。

8. 量度工程

量度工程（assessment and enhancement engineering，AEE）主要是指工程实践中针对工程量化评估体系及优化提升等理论方法技术，主要包括定量评估与要素优化两方面，由王崑声等（2011）在《数学的实践与认识》上发表的文章《量度工程——精细化管理理论方法与技术初探》中首次系统做出阐述。系统工程着眼系统整体功能的涌现，其重点是完成顶层设计，协调系统要素和组分。量度工程则更加关注于系统工程的对立统一面，即底层实施过程中的要素和组分实际状态，是充分认识、优化系统，完成系统工程实践的必要条件。系统、工程完成顶层设计后，需要对工程的重要状态、节点、因素进行量化评估，针对评估结果，进行"量身定做"的改进并加强提升，这对于保障工程的顺利实施、提高工程的成功率可以起到关键的作用。

21世纪的高新技术工程项目更加规模化、精细化，其项目风险更高，成本、质量和时间控制要求更加精确，因此，在系统思想指导下，总结研究制定与此相适应的一套理论、方法和技术，对项目开展系统性的量化评估成为保障重大工程顺利进行和提高决策可靠性的必然前提。量度工程是系统工程思想的重要延伸，是对影响工程或其他系统有效运行的主要因素及其环节进行科学的量化评估，进而进行优化提升，其基本过程包括系统构建→系统评价→系统提升，并形成"评估→优化→提升→评估"闭环模式，最终达到系统的持续改进。

目前，量度工程主要以开展成熟度理论研究为主，但不限于此。根据系统对象不同可以有各种领域的成熟度，如技术成熟度、管理成熟度、产业成熟度等，它是一种从定性发展到定量，定性定量相结合反应事物属性、构成、有效运行难易程度、管理风险程度的理论和技术分析方法。量和性是一个事物的两面，是分不开的。强调量主要是突出量度工程的一个主要特征。它是系统工程理论方法技术的集成和发展，是在系统工程定量构造方法的基础上发展出来的系统定量评价、定量优化、定量提升的理论、方法和技术。

9. 向量优化的突破性进展

优化是运筹学的基本问题，也是系统工程的基本问题。向量优化是解决多目标优化问题的重要基础理论和方法，陈光亚、汪寿阳等在这方面的研究中取得了许多突破性进展。

早在20世纪80年代，陈光亚和汪寿阳等就在向量优化研究中提出了一个新的非控解概念，率先提出了变动偏序下的向量变分不等式和向量互补问题的数学模型。

陈光亚等给出了在局部凸拓扑空间与弱收敛意义下的广义 Arrow-

Baranki-Blackwell 稠密性定理，奠定了无穷维空间向量优化问题标量化的理论基础。

他们首次建立了集合值映射的广义变分原理，为集值分析以及集值优化的近似分析开拓了一个新的研究方向，还率先建立了集值映射的极大极小定理，该工作被国际同行评价为原始创新。

择一性定理是优化理论研究的一个基本工具，对于集值映射如何建立择一性定理是一个非常基础性的研究课题。他们率先提出了集值映射的择一性定理，并应用它去研究极值优化的最优条件及拉格朗日对偶理论等。这些结果推动了国际同行在这个领域的大量后续研究（Chen Guangya，1990）。

10. 反馈作用及能力的突破性研究

反馈在系统与控制领域是一个核心概念，也是应对复杂系统的一条基本的系统学原理。在控制系统中，反馈的主要作用是应对系统中存在的内部和外部不确定性。中国科学院数学与系统科学研究院郭雷等在国际上率先开展反馈机制的能力与不确定性之间定量关系的研究，取得了突破性和原创性成果，获得国内外同行的高度评价，被邀在 ICM2002 国际数学家大学上做了报告。

对一类基本的参数化不确定非线性随机系统，郭雷的研究发现，反馈机制的能力依赖于系统本身非线性动态的、非线性增长的程度和未知参数的个数；发现了在单参数不确定性控制系统中，反馈机制可以对付的非线性增长程度的临界值，当非线性增长程度小于此临界值时，一定可以构造反馈机制使系统稳定并使性能最优，但当非线性增长程度大于和等于此临界值时，任何反馈控制都不能使系统稳定。

郭雷最近几年在定量研究反馈机制的最大能力和局限的过程中，对一些最基本的不确定性控制系统，发现并证明了反馈机制最大能力的临界值，建立了几个关于反馈能力的"不可能性定理"。对一类基本的非参数不确定系统，反馈机制对付不确定性的最大能力可以用某赋范函数空间中，以反馈机制最大能力的临界值为半径的球 $S(r)$ 来完整刻划。当球的半径小于反馈机制最大能力的临界值时，一定可以构造出仅依赖于观测信息的一个反馈控制规律，使在球 $S(r)$ 内的所有不确定性系统能被这个反馈规律所镇定；但球的半径大于和等于反馈机制最大能力的临界值时，任何反馈规律都不能镇定球 $S(r)$ 内的所有系统。此外，对具有采样反馈的连续时间非参数不确定系统和具有隐马尔柯夫跳变的随机时变线性系统，也发现并建立了关于反馈机制能力的"不可能性定理"（郭雷，2003）。

11. TEI@I 方法论

TEI@I 方法论是基于"文本挖掘（text mining）+经济计量（econo-metrics）+智能技术（intelligence）@ 集成技术（integration）"而形成的一种结合传统的统计技术与新兴的人工智能技术的方法论，系统地融合了文本挖掘技术、经济计量模型、人工智能技术和系统集成技术。在 TEI@I 方法论中，用"@"而不用"+"，就在于强调是一种非叠加性的集成，强调集成的中心作用。

基于先分解后集成的思想，TEI@I 方法论在解决复杂系统问题时，首先将复杂系统进行分解，并利用经济计量模型来分析复杂系统呈现的主要趋势，利用人工智能技术来分析复杂系统的非线性与不确定性，然后利用文本挖掘等技术来分析复杂系统的突现性与不稳定性，最后把以上被分解的复杂系统的各个部分集成起来，形成对复杂系统整体的认识，从而达到分析复杂系统的目的。

针对外汇汇率预测问题，汪寿阳等（2007）基于 TEI@I 方法论，构建了一个预测模型理论框架。与 TEI@I 方法论基本思想一样，该预测模型以集成技术为核心，以人工神经网络技术为集成工具，将文本挖掘技术、传统计量经济模型、人工智能技术（如神经网络、专家系统和粗集理论等）进行综合集成，形成包括人机界面模块、基于 Web 的文本挖掘模块、经济计量模块、基于规则的专家系统模块、基于神经网络的误差校正模块和库与库管理模块的理论框架结构。

4.2.3.3　复杂巨系统工程实践

随着科学技术不断进步、社会不断发展，系统工程的实践对象也主要聚焦在了复杂巨系统上。随着系统工程的深入研究和大力推广，系统工程也被越来越多的人所接受，并广泛应用到了社会经济、交通运输、军事、农业等诸多领域，相应地形成了社会系统工程、交通系统工程、军事系统工程、农业系统工程等领域系统工程，受到了社会的广泛关注和重视，于景元等开展的"综合集成的宏观经济决策支持系统 MSMEDSS"研究，戴汝为等开展的"人机结合的综合集成体系"预先研究，郝诚之等开展的西部地区知识密集型草产业和沙产业实践，周立三等开展的"中国国情研究"，常远等开展的榆林市社会系统工程实践，笔者组织开展的"陕西省环境承载力与环境保护战略"研究，都是系统工程的典型实践，为党和国家以及地方政府制定决策提供了重要依据。国家领导人高度重视系统工程研究和发展，并在处理国家事务时坚持系统工程思维，体现了"中国领导层系统工程思维"。

1. 综合集成的宏观经济决策支持系统 MSMEDSS 研究

受国务院研究室委托，在国家"863"计划和软科学计划支持下，中国航天工业总公司第 710 研究所、中国科学院自动化研究所和华中理工大学在 1992～1996 年共同开展了"综合集成的宏观经济决策支持系统 MSMEDSS"研究。

该研究以钱学森提出的"从定性到定量综合集成方法"理论为基础，采用高新技术和软科学方法，形成了人机结合、以人为主、人机智能互补、有效利用智能技术的"人帮机、机帮人"智能决策体系，实现了基于知识的、人机结合式的、具有综合集成特点的宏观经济智能决策支持系统。

综合集成的宏观经济决策支持系统由宏观经济模型体系、数据和信息体系、知识体系和评价体系相集成。各体系既有独立功能，也可协同工作，以实现从问题的形成和识别，到备选方案的产生和评价的决策全过程支持，从而基本上体现了人机结合的从定性到定量的综合集成的功能。

综合集成的宏观经济决策支持系统不仅为国民经济形势预测和分析提供了技术支持，也实现了"从定性到定量综合集成方法"的有益实践和探索，为综合集成理论向前迈进、更好地指导实践奠定了初步的技术基础。

2. 人机结合的综合集成体系研究

为建立支持宏观经济决策的人机结合综合集成研讨厅雏形系统、实现建立国家"人机结合的综合集成体系"的预先研究，中国科学院自动化研究所、中国航天工业总公司第710研究所、清华大学等多家单位于1999年7月开始了"支持宏观经济决策的人机结合综合集成体系研究"。

研究人员在中国科学家首创的从定性到定量的人机结合综合集成研讨厅体系方法论指导下，以宏观经济决策问题作为对象，运用和完善开放的复杂巨系统理论及其方法论，充分综合利用Internet新技术，将网络技术、数据库技术与人工智能、控制工程、信息处理等技术相结合，人机结合、以人为主，从定性到定量反复研讨，构建了基于网络的综合集成研讨厅网络系统支撑环境；将过去一直从事的控制工程研究与关系国计民生的国家宏观经济决策问题相结合，研究了宏观经济的预测、预警、评价等。

"支持宏观经济决策的人机结合综合集成体系研究"在综合集成理论与方法研究方面，理清并发展了开放的复杂巨系统理论、综合集成理论，以及研讨厅体系起源、关键要素、综合集成过程和研讨决策流程；初步建立了一个可实验的人机结合、支持宏观经济决策的综合集成研讨厅雏形；建立了宏观经济研究方法年度宏观经济模型、中国宏观经济调控与政策模拟、宏观经济评价分析模型、预警指标体系，进行了经济波动分析、资本市场和金融预警分析、宏观经济预测与分析工作；研究并建立了多种专家意见收敛方法模型系统；在多智能体在宏观经济决策中的应用研究和开发、基于SWARW的宏观经济模型的平台开发方面做了大量的工作；研究了电子公共大脑及其在决策支持系统中的应用。

3. 知识密集型草产业和沙产业创建

早在 1985 年，钱学森就总结历史经验，认为西部大开发中，必须开拓一条建在经济、生态、社会三者共同发展基础上的基础道路，适时地提出了创建知识密集型草产业和沙产业这一条路。

20 世纪 80 年代以来，一些热心草产业的专家学者开展了广泛的研究和实践探索，对于不同自然环境条件下的生产方式和管理经营模式进行了试点，取得了良好的经济效益。例如，新疆荒漠草原区的阜康灌溉草地牧业经济联合体模式，湖南高山草山区的城乡南山牧场种草、养牛、奶加工系统模式等。其中一些项目的生产力水平已接近或赶上经济发达国家的同类型草地先进水平，达到了扶贫解困、改善生态环境的双重效果。

知识密集型草产业是钱学森把他创立的开放的复杂巨系统理论应用于草业方面的体现和贡献。首先把以草地为载体和空间的牧草与一切共生资源看作是一个密切相关的统一体。草业产业就是要运用生物、机械、化工、信息等一切可利用的现代科技手段，综合开发草地上以牧草为主的共生资源。在种植优质牧草、改良土壤、建立优化生态系统的基础上，发展草、牧、林、渔、工、商、旅等连锁产业，建立起高度综合的、能量循环的、科学管理的、生态优化的、多层次、高效益的产业巨系统。这是把历来草地资源开发利用上孤立分割、技术分散、效益单一的传统方式，变为综合开发、科技密集、效益耦合的科学方式（钱学森，2007d）。

知识密集型沙产业就是在"不毛之地"的戈壁沙漠上搞农业生产，充分利用戈壁滩上的日照和温差等有利条件，推广使用节水技术，搞知识密集型的现代化农产业。甘肃的张掖地区从 1994 年开始试搞沙产业，在实践中创造了"多采光，少用水，新技术，高效益"的沙产业路线。经过几十年的试点实践，沙产业在甘肃、内蒙古、新疆等地区取得了丰硕成果，成为当地农业在脱贫之后再上一个新台阶的战略举措。

涂元季在 2002 年 11 月召开的中国系统工程学会第十二届年会上专门做了"创建知识密集型的草产业、沙产业——论钱学森先生系统思想在西部开发中的应用"的专题报告（郝诚之，2007）。

4. 中国国情研究

认清国情，特别是基本国情，是正确制定一切路线、方针、政策以及发展战略的基本依据，它决定着改革的成败和现代化事业的兴衰。为此，在周立三院士主持下，中国科学院国情分析研究小组先后完成了国情研究第 1 号报告《生存与发展》（1989 年）、第 2 号报告《开源与节约》（1992 年）和第 3 号报告《城市与乡村》（1994 年）等研究报告，在国内外受到很大的关注和重视，并产生了广泛的影响。

在即将进入 21 世纪之际，中国科学院国情分析研究小组收集了大量的资料，对中国的人口、资源、环境、能源、粮食和发展等问题进行了综合的系统的研究，完成了第 4 号报告《机遇与挑战——中国走向 21 世纪的经济发展目标和基本发展战略研究》。

这份报告采用定性研究和定量分析相结合的方法，发挥中国科学院的多学科优势，利用系统科学方法和投入占用产出技术，通过建立数学模型，对中国今后的远景经济发展进行了一系列科学计算和预测分析。在对中国国情进行长期研究和探讨的基础上，用大量的数据和材料说明了当前中国在人口、资源、环境等方面存在的危机，将要面临的挑战，以及难得的历史机遇，提出了现代化持久战、非传统的现代化道路、资源节约型国民经济体系、大力开发人力资源、城乡协调发展等重点观点，并给出了基本战略和主要对策建议。

5. 榆林市社会系统工程实践

2002 年之前，榆林市经济发展十分落后，经济排名为陕西省倒数第一。当时，新上任的榆林市市委书记周一波与社会系统工程专家组很熟悉，了解社会系统工程专家组长期从事社会系统工程方面的研究工作，于是提议在榆林市进行"榆林跨越发展社会系统工程战略"研究，要把榆林打造成"西部经济强市、特色文化大市、绿色生态名市"。

项目启动之初，社会系统工程专家组在榆林市境内广泛开展调研，确定了榆林市大的发展战略。在当时榆林经济十分贫困的情况下，立足于当地丰富的煤炭资源，配合国家的能源战略，榆林地区进行煤炭资源的开发，在短期内获得了大量的经济效益。但这种发展方式仅是权宜之计，因为煤是不可再生资源，挖煤是不可持续的经济增长模式，榆林的未来绝对不能单纯依靠挖煤。于是，在经济增长方面，社会系统工程专家组提出了"远近高低双过程"的思路和方法。在世界范围内，炒作煤炭资源，吸引投资者来榆林投资，让榆林先富起来。之后，再用赚到的钱进行非能源资源的开发和非能源产业的发展，推行循环经济，进行生态环境保护建设。社会系统工程专家组提出了榆林市"推动科学发展、促进社会和谐"社会系统工程的基本架构。该架构包括经济发展（物质文明）、政治发展（政治文明）、文化发展（精神文明）、环境发展（生态文明）以及人的发展（人本文明）五大发展领域或文明建设领域，在实施层面涉及经济系统工程（建设社会主义物质文明）、政治系统工程（建设社会主义政治文明）、文化系统工程（建设社会主义精神文明）、环境系统工程（建设社会主义生态文明）、人才系统工程（全民共建，发展依靠人民）、民生系统工程（全民共享，发展为了人民）六大系统工程。

6. 载人航天工程实践

中国载人航天工程是中国航天领域迄今为止规模最庞大、系统最复杂、技术难度最高、质量可靠性和安全性要求最高、经费有限、极具风险性的一项跨世纪的国家重点工程，也是中国航天成功实施系统工程的典范。

设立以专项管理为核心的组织管理体系。中国载人航天工程涉及政府、用户、承制方、配套方，处于一个关系复杂的大环境之中。为强化载人航天工程管理，国家有关机构设立了中国载人航天工程办公室，对载人航天进行专项管理，统筹协调工程 110 多家研制单位、3000 多家协作配套和保障单位的有关工作，并设立了工程总指挥、总设计师两条指挥线，建立了总指挥、总设计师联席会议制度，以决策工程中的重要问题。

建立以工程总体设计部为龙头的技术体系。主要负责科学确定总体方案，实施技术抓总与协调；统筹优化，确保七个分系统优化和整体优化；

严格控制技术状态，确保整个研制过程符合技术要求。

制定一套综合统筹的计划协调体系。在载人航天工程的研制过程中，针对多条战线并举、系统间相互交叉的局面，建立并充分使用了综合统筹的计划协调体系。通过系统统筹和综合平衡，制定工程中长期目标规划，年度计划，月、周、日的计划安排，使工程系统成为纵横有序、衔接紧密、运筹科学的有机整体。

构筑一套系统规范的质量管理体系。载人航天工程按任务分为研制、生产、测试、发射和回收五个方面；按承担层次分为系统、分系统、单机、原材料、元器件五个环节。各方面、各环节的质量责任同等重要，都关系到航天员的安全和任务成败。因此，按系统工程管理要求，采取了系统整机研制质量与协作配套产品质量并重，工程硬件产品与软件产品质量并重等做法，全面、全员、全过程抓质量：一抓"头头"（领导和管理机关），二抓"源头"（元器件、原材料、设计和工艺），将质量控制点落实到每一个系统、每一个单位、每一个工作岗位，明确责任，规范制度，层层把关。

设立以专项管理为核心的组织管理体系，建立以工程总体设计部为龙头的技术体系，制定综合统筹的计划协调体系，构筑系统规范的质量管理体系等充分体现了系统工程的思想和特点，既继承了早期航天系统工程的经验，又总结了经济转型期的经验，对中国航天系统工程进行了创新和发展（胡世祥和张庆伟，2004）。

航天科技工业创建以来，管理体制历经调整变化，航天产品不断更新换代，而系统工程方法却是中国航天几十年管理实践不变的主旋律，在不断的航天实践中也取得了许多系统工程成果，马兴瑞、栾恩杰、郭宝柱等都总结了自己对航天系统工程的理解。

2003 年 11 月 7 日，胡锦涛主席在庆祝神舟五号胜利归来的大会上发表讲话，他说："载人航天是规模宏大、高度集成的系统工程，全国 110 多个研究院所、3000 多个协作配套单位和几十万工作人员承担了研制建设任务。这项空前复杂的工程之所以能在比较短的时间里取得历史性突破，靠的是党的集中统一领导，靠的是社会主义大协作，靠的是发挥社会主义制度集中力量办大事的政治优势。"

原中国航天科技集团公司总经理马兴瑞（2008）在《中国航天的系统工程管理与实践》一文中，将航天系统工程的核心归纳为了"强化了总体设计部的顶层控制作用，形成了型号指挥系统和型号设计师系统的组织体系，实施了以'三步走'为核心的型号产品发展路线，制定了四个技术状态的型号研制阶段管理，建立了'系统质量'观念下完善的质量体系和制度"。

国防科工局科技委主任栾恩杰院士（2010）认为："中国航天系统工程是'运行'的必然结果，是在运行中产生的，'运行'是中国航天系统工程的灵魂；中国航天系统工程的要津就是'过程跟踪、节点控制、里程碑考核'。系统工程不是工程系统，而是工程系统的建造过程；系统工程是管理学科，更深层次讲，是复杂的工程管理学科。"这些观点都在他著的《航天系统工程运行》中作了详细的论述。

原中国航天科技集团公司副总经理袁家军（2009）在《中国航天系统工程与项目管理的要素与关键环节研究》一文中提出，"航天事业的成功得益于系统工程与项目管理的应用与发展，中国航天的发展之路就是航天系统工程与项目管理的发展之路，中国航天在创业中起步、在探索中发展、在改革开放中不断跨越，开创了一条具有中国特色的运用系统工程实施科学管理的发展之路，为航天工业的进一步发展奠定了坚实的基础"。

中国航天科技集团公司科技委副主任郭宝柱（2003）在《中国航天系统工程探讨》一文中写到，"中国航天在载人火箭、人造卫星、宇宙飞船和导弹武器的研制实践中成功地发展形成了一套有效的系统工程方法，包括总体设计部、研制程序、工作分解结构、技术状态控制和阶段评审等"。他认为："总体设计部的设置强调了系统分解与集成的思想，是中国航天系统工程方法的重要体现；研制程序是有序逐步递进的研制过程；工作分解结构是系统工程技术和管理的一览图；基线是技术状态控制的基准；技术评审是系统研制的节点；型号设计师和指挥调度体系是中国航天系统工程的组织方式。"

7. 中国领导层系统工程思维

系统工程的建立、发展与推广，基本成功地实现了周恩来总理"将'两弹一星'的实践经验扩展到其他社会领域"的重要指示。人类社会系统必须在一定的行为规范控制下活动，社会才能藉以正常运转和进化发展。当今世界的中国，社会管理与发展始终是执政者、国家机器及人们所关注的核心。通过改革，扭转头疼医头、拆东墙补西墙、寅吃卯粮、倾其祖业、毁其载体、封闭自负的发展模式，用系统工程的思想支撑社会可持续发展、助推社会发展和管理，已经成为系统工程发展的热点与难点所在。

我国领导人在谈治国方略时，多次谈到治国理政需要应用系统工程，体现了我国高层领导人在处理国家事务时的系统工程思维。邓小平同志曾言："改善党的领导工作是个复杂的问题，要系统地、切实地解决这些问题。"江泽民同志讲到，"系统工程是处理复杂系统所用的方法。它使我们学到一种处理任何工作、思考任何问题的方法，把方方面面都想到，处理得更周密、更完整"；他认为，"改革，是一项复杂的、巨大的系统工程，包括经济、政治、教育、科技、文化体制等方面的改革，需要互相协调、配套进行"。胡锦涛同志同样认为，"构建社会主义和谐社会是一个复杂的社会系统工程，必须统筹兼顾、突出重点，坚持把群众利益放在首位"；"国民经济是一个统一的整体，各地区的发展是相互支持、相互促进、共同提高的"。2008 年 1 月，胡锦涛同志在看望钱学森同志时曾说："钱老，您在科学生涯中建树很多，我学了以后深受教益。"胡锦涛谈起钱学森提出的系统工程理论时说到，"上世纪 80 年代初，我在中央党校学习时，就读过您的有关报告。您这个理论强调，在处理复杂问题时一定要注意从整体上加以把握，统筹考虑各方面因素，这很有创见。现在我们强调科学发展，就是注重统筹兼顾，注重全面协调可持续发展"。习近平同志同样认为，治理国家和社会是复杂的系统工程，必须统筹兼顾、全面规划，必须发挥执政党的社会整合功能。从制定国民经济发展规划、实施科技体制和教育改革、推动新农村建设、推进地区改革开放和经济社会发展，到强化社会治安综合治理、构建惩治和预防腐败体系建设等各个方面，都贯穿着系统工程思维。温家宝同志曾在国务院会议上发言指出，搞好规划编制，是一个庞大的系统工程，制定规划应成为一个发扬民主的过程、集思广益的过程。2008 年，国家科技教育领导小组会议强调：制订《国家中长期教育改革和发展规划纲要》是一项十分复杂的社会系统工程，搞好教育改革必须统筹谋划，国务院要求系统设计，试点先行，协同推进。2008 年 8 月，国务院常务会议上审议并原则通过的《进一步推进长江三角洲地区改革开放和经济社会发展的指导意见》指出，推进长江三角洲地区改革开放和经济社会发展是一项系统工程，上海、江苏、浙江和中央有关部门要加强统筹协调，完善合作机制，创造性地开展工作，促进长江三角洲地区在高起点上争创新优势，实现新跨越。中发〔2006〕1号《中共中央、国务院关于推进社会主义新农村建设的若干意见》指出，新农村建设涉及经济、政治、文化和社会各个方面，是一项十分复杂的系统工程，必须切实加强规划工作。各地要按照统筹城乡经济社会发展的要求，把新农村建设纳入当地经济和社会发展的总体规划。2012 年 12 月召开的中央经济会议提出，改革必须从解决当前突出矛盾出发，做好顶层设计、总体规划，突出改革系统性、整体性、协调性。这些都充分体现了系统工程思维在推动当代中国社会经济可持续发展中的重要作用。系统工程思维，已经成为中国政府、国家领导人制定宏观调控政策，推动中国经济、政治、文化、社会、生态文明建设发展的重要支撑，是构建中国特色社会主义、实现可持续发展的重要思想指导。

8. 陕西省环境承载力与环境保护战略研究

资源环境及其衍生问题是当今全世界普遍关注的焦点之一，也是当前及未来很长一段时间，我国发展面临的严峻问题。将系统工程应用于资源环境领域，开展资源环境系统工程实践，也就随之而生。笔者主持开展的"陕西省环境承载力与环境保护战略"研究，就是资源环境系统工程的一项实践。

笔者在开展"陕西省环境承载力与环境保护战略"研究过程中，努力避免就环境论环境，而以科学发展观为统领，以正确处理经济发展与环境保护关系为原则，将陕西省环境容量计算、环境承载力评价作为战略制定的切入点，将环境保护视为一个复杂的系统工程，有效融合了环境管理与系统工程两个学科，采用定性与定量综合集成的方法，系统地分析了陕西环境保护发展历史以及当前经济社会发展中存在的深层次环境问题，然后通过动态系统建模，有效模拟和预测了未来发展状态，并通过环境承载力优化与调控，确定了最佳优化方案，为决策部门制定有关经济社会可持续发展战略提供了决策依据和参考。

该项研究，首次系统回顾了 30 年来陕西环境保护走过的历程，总结了七条经验，深入分析了陕西经济社会发展中的五个突出环境问题和四个方面的成因，对当前陕西经济社会发展和资源环境发展形势作出了基本判断；构建了包括环境纳污能力、资源供给能力、人为支持能力三个目标层、31 个指标在内的环境承载力评价指标体系，并以设区市为最小单元，首次运用状态空间法，系统评价了 2001 ~ 2007 年陕西省三大板块、十个地市的综合环境承载力，找出了三大板块综合环境承载力的短板因素，摸清了当前环境家底；构建了包含 172 个因子的环境承载力系统动力学模型，通过敏感度分析找出了影响环境承载力的关键因子，并对陕西省 2008 ~ 2020 年承载力的变化趋势进行了预测，分析出在五种不同政策或者说发展模式下，未来 10 年陕西省环境–经济–社会系统的综合发展情况；在定量研究的基础上，提出了陕西省未来 10 ~ 20 年环境保护战略的整体思路、目标、原则、对策和保障措施，为陕西省调整产业布局、制定"十二五"环境保护规划等提供了重要理论支撑，受到了陕西省委、省政府的高度重视，获得了陕西省环境科学技术特等奖。

系统工程还被应用于社会的其他多个领域，笔者开展的"用航天技术建设智慧华山"、"中尼合作项目"、"中央党史信息化项目"就是将系统工程思想应用于服务业、国际合作、信息化等领域的社会实践。系统工程已成为服务国家的一门重要科学。

4.2.3.4　复杂巨系统工具研发

随着信息化技术的高速发展，越来越多的复杂巨系统工具被研发，用来支撑系统工程的研究和实践，如"综合集成的宏观经济决策支持系统"、"人机结合综合集成研讨厅雏形系统"等，这进一步促进了系统工程的发展。

1. 综合集成的宏观经济决策支持系统

基于国家"863"计划"综合集成的宏观经济决策支持系统MSMEDSS"的研究，航天710所、中国科学院自动化所和华中理工大学于1994年共同开发了综合集成的宏观经济决策支持系统。

综合集成的宏观经济决策支持系统以"从定性到定量综合集成方法"理论为基础，采用高新技术和软科学方法，形成了人机结合、以人为主、人·机智能互补、有效利用智能技术的"人帮机、机帮人"的智能决策体系，实现了基于知识的、人机结合式的、具有综合集成特点的宏观经济分析、预测、规划、评价功能。MEIDSS的机器体系功能大大加强了，更便于人机结合、以人为主，进行知识的综合集成。该机器体系有两个层次的结构，第一个层次是由模型体系、知识体系、信息体系、指标体系、方法体系所构成；第二个层次是支持这五个体系的软件工具。这个系统开发是成功的，受到有关方面的充分肯定和高度评价。

综合集成的宏观经济决策支持系统由宏观经济模型体系、数据和信息体系、知识体系和评价体系相集成。各体系既有独立功能，也可协同工作，以实现从问题的形成和识别，到备选方案的产生和评价的决策全过程支持，从而基本上体现了人机结合的从定性到定量的综合集成的功能。

综合集成的宏观经济决策支持系统不仅为国民经济形势预测和分析提供了技术支持，也实现了"从定性到定量综合集成方法"的有益实践和探索，为综合集成理论向前迈进，更好地指导实践奠定了初步的技术基础。

2. 人机结合综合集成研讨厅雏形系统

基于"支持宏观决策的人机结合综合集成体系研究"，中国科学院自动化所于 2003 年完成了人机结合综合集成研讨厅雏形系统的开发，并于同年 9 月 11 日在国际应用系统分析研究所（International Institute for Applied Systems Analysis，IIASA）举办的复杂系统建模研讨会上进行了演示，引起与会专家的广泛关注。

人机结合综合集成研讨厅雏形系统由专家体系、知识/信息体系和机器体系三部分组成。专家体系由参与研讨的专家组成，它是研讨厅的主体，是复杂问题求解任务的主要承担者，专家体系作用的发挥主要体现在各个专家"心智"的运用上，尤其是其中的"性智"，是计算机所不具备的，却是问题求解的关键所在；机器体系由专家所使用的计算机软硬件以及为整个专家群体提供各种服务的服务器组成，机器体系的作用在于它高性能的计算能力，包括数据运算和逻辑运算能力，它在定量分析阶段发挥重要作用；知识/信息体系则由各种形式的信息和知识组成，它包括与问题相关的领域知识/信息、问题求解知识/信息等，专家体系和机器体系是这些信息和知识的载体。人机结合综合集成研讨厅雏形系统把这三个部分连接成为一个整体，形成一个统一的、人机结合的巨型智能系统和问题求解系统。

人机结合综合集成研讨厅雏形系统，采用面向 Agent 的系统开发方法，通过采用语义句法描述方法，提出了一种理性与非理性相结合的研讨厅模型，为定量分析和研究研讨厅系统提供了工具；通过对层次分析方法的改进和扩展，提出了一种定性意见的集成算法和集成过程，为研讨厅中定性意见的集成提供了工具；研制了可视化的模型集成工具，对于一些现有的、同类型的模型，可以利用该模型集成工具，通过简单的鼠标拖放操作，将多个局部模型与全局模型相连接，形成一个整体模型；开发了描述群体智慧涌现过程的算法和可视化软件模块，可以生动地表达研讨厅中专家之间的交互关系；进行了研讨组织方法研究，对复杂问题求解的大致研讨过程进行了定义和划分，并提出了各个研讨阶段的组织方法；实现了群体智慧的涌现及其可视化；基于万维网（WWW）的广义专家与协作推荐技术，解决了特殊"专家"的"邀请"问题。

人机结合综合集成研讨厅雏形系统，从软/硬件体系上和组织结构上实现了综合集成研讨厅，使之能真正应用于复杂问题的研究实践，这显得非常重要（李耀东等，2004）。

4.2.3.5　第 68 次香山会议加深了广大科技界人士对"开放的复杂巨系统"的认识

1997 年 1 月 6~9 日，题为"开放的复杂巨系统的理论与实践"的第 68 次香山科学会议在北京举行，会议由宋健和戴汝为两位院士担任执行主席，此次会议加深了广大科技界人士对"开放的复杂巨系统"的认识。

钱学森院士向会议送交了他的书面发言，参加讨论会的有 11 位院士和来自全国各地多个领域（系统科学、数学、物理、生物、化学、计算机、软科学、军事、经济、气象、石油、化工、建筑、材料、认知科学、人工智能、社会科学、哲学等）的近 50 名专家学者，是一次学科跨度很大的、探讨 21 世纪科学发展的讨论会。

钱学森院士在他的书面发言中再次从科学方法论的高度论证了开放的复杂巨系统及其方法论的有效性。宋健院士作了题为"对系统科学的挑战"的综述报告，旁征博引，从自然科学和社会科学多方面阐述了系统的开放性、复杂性以及系统规模大小对系统性质的巨大影响等极其具有挑战性的科学问题。还从社会科学方面进一步论述了开放性对于文明的延续和发展同样起着重要的作用。同时他认为，研究开放的复杂巨系统还需要创新，中国人在系统学的研究上应该能够做出贡献。航天 710 所于景元研究员作了题为"开放的复杂巨系统——一个正在发展的新领域"的评述报告，对开放复杂巨系统的内容作了系统的阐述，并对已有的一些结果作了介绍。戴汝为院士作了题为"大成智慧工程（metasynthetic engineering）"的评述报告，从一个更加宏大的范围、更加深刻的层次高度上论述了开放的复杂巨系统以及从定性到定量的综合集成方法论。清华大学赵玉芬院士、张钹院士，原建设部的周干峙院士、原化工部成思危研究员、石油大学葛家理教授分别做了"生命起源的有关问题"、"互联网——一个发展中的开放复杂巨系统"、"城市及其区域——一个开放的特殊复杂的巨系统"、"论软科学研究中的综合集成方法"、"我国石油工业经营管理复杂系统理论及应用"的报告,讨论了开放复杂巨系统在生命科学、计算机互联网、城市规划、决策支持、石油生产等方面的具体应用问题。此外,原国防科工委的王寿云研究员作了"综合集成法用于国防系统分析的一些进展"的报告,云南大学数学系的赵晓华教授做了"广义哈米尔顿系统理论及分叉与混沌"的报告。最后,戴汝为院士在总结发言中指出,我国对开放的复杂巨系统的研究是和整个世界的科学发展并驾齐驱的。尽管开放的复杂巨系统这一门科学还要进一步发展和完善,但是提出这样一个科学思想是有远见卓识的、有重大战略意义的和具有中国自己特点的。

通过此次大会,与会专家对开放的复杂巨系统及其方法论、研讨厅体系、大成智慧工程等都有了进一步的理解和更深的认识,一致认为这是一个涉及基础理论、高新技术和有重大实际应用的新科学领域(赵生才,2013)。

4.2.3.6 中国系统工程研究得到国际学术界重视

随着中国系统工程研究的不断深入,中国系统工程学会于1994年加入国际系统研究联合会(International Federation for Systems Research,IFSR)。2002~2006年,中国系统工程学会理事长顾基发研究员连续担任IFSR主席、副主席。

2001年10月,在中国科学院数学与系统科学研究院举办的"文化与科学"国际研讨会上,世界著名的科学哲学家、维也纳大学的 F. 瓦尔纳(F. Varna)教授称赞钱学森的工作"很好",并希望能够拜会钱学森院士。

2003年,中国成为 IIASA 的成员国。中国的系统工程工作者有许多人参加了 IIASA 的研究工作,有许多人访问过美国的圣菲研究所,引进了他们的研究成果，包括一系列著作和 SWARM 软件等。在中国国内已经多次举办（或承办）系统工程领域的国际学术交流会。

事实上，早在 1989 年 6 月，在纽约召开的国际科学与技术交流大会授予钱学森"世界级科学和工程名人"称号和"小罗克韦尔奖章"，表彰他的三大杰出贡献，其中之一就是研究与推广系统工程（孙东川和柳克俊，2010）。

当前，系统工程在中国已被广泛谈及，中国的现代系统工程思想绝不局限于上述内容。同时，东方的现代系统工程思想也不仅漫步于中国，在以钱学森为代表的中国系统工程学派繁荣发展的同时，日本椹木义一、中山弘隆和中森义辉等学者在吸收东西方思想的基础上，也于 1988 年提出了 Shinayakana 系统方法论，它一方面借鉴了过去处理不良结构问题的技术方法；另一方面利用人工智能等实现人机结合，充分发挥专家作用。该方法分为确定模型类、确定模型结构、核实模型系统三个阶段：第一阶段强调应用专家的知识经验确定模型边界、进行变量选取以及模型结构选择；第二阶段是通过人机对话对模型进行修正；第三阶段强调各种数学定量方法的综合应用。近年来，中森义辉对 Shinayakana 方法论进行了发展，提出了科学知识创造的 I-system 方法论。系统思想在东方源远流长，流淌于每一位东方人的文化血液中；崇尚"天人合一，道法自然"的东方人，必将为现代系统工程思想的进步贡献出不可磨灭的力量。

30 年来，我国系统科学与系统工程的研究和应用取得了重要成就，协同学创始人哈肯认为"中国是充分认识到了系统科学的巨大重要性的国家之一"，这为进一步发展系统工程打下了坚实的基础。

第 5 章
系统工程思想的发展趋势

从国际上来看，从 1937 年贝塔朗菲提出一般系统论，到 1957 年古德与麦克尔出版《系统工程学》，特别是阿波罗计划的成功，促使系统工程思想被广泛接受，掀起了将系统工程广泛应用于社会生产、生活各个领域的热潮。霍尔提出的系统工程三维结构理论，普里戈金提出的系统耗散结构理论，哈肯提出的协同学理论，艾根提出的超循环理论，都极大地丰富了系统科学和系统工程的内容。目前，系统工程已被广泛应用于工业、农业、国防、教育、企业、信息乃至上层建筑领域等各个方面。

国内，1978 年钱学森在《文汇报》上发表《组织管理技术——系统工程》一文，第一次在国内较为明确地定义了系统工程。系统工程开始在国内广泛传播和应用，尤其是 1986 年钱学森在航天 710 所创办的"系统学讨论班"将系统工程的发展推向了高潮。今天，系统工程在国内已被广泛谈及，党和国家领导人也曾多次提到。

纵观国内外系统工程的发展，20 世纪 70 年代以后有两个明显的趋势：一方面，随着社会生产不断发展，人们的认识水平和科研工具手段不断提高，系统工程应用领域更加广泛，方法更加丰富，发展了许多分支。从贝尔公司的通信网络工程到阿波罗登月计划，从一些军事工程到一般工业工程，可以说系统工程已经应用到了人类生产、社会活动和科学研究的所有领域，其研究方法吸收了数学、运筹学、管理学、计算机科学等各个学科的成果。另一方面，系统工程的发展并非一帆风顺，在实践中，尤其是在社会系统应用方面，也遇到了一些困难和问题，但在处理复杂性问题方面，系统工程仍然是一种较好的科学理论和方法。

展望未来，伴随着生产力和科学技术的不断发展，在知识经济迅猛发展的大环境中，系统工程理论将更多地吸收其他学科的理论、方法而得到丰富和发展，系统工程也将应用到更多领域，且随着计算机技术、生命科学及其他方面科学技术的不断进步，应用将更富成效。

5.1 系统工程学科体系发展趋势

由点到面进而成体系是系统工程发展的大趋势，系统工程学科体系的搭建，是学科发展过程中的一个里程碑事件。但系统工程作为一门新兴学科，其学科体系仍处于形成过程中，并呈现出向社会系统工程领域过渡的特点。除了学科框架搭建之外，从更宏大的学术和历史视野来看，整个学科的历史与未来、当下重难点与突破口、提升拓展与普及推广乃至哲学层的构建与提炼等问题，都需要进行系统的思考和建设。当今社会，信息化和互联网快速发展，各种复杂社会难题亟需破解，这样的时代背景也对系统工程学科体系完备化提出了要求。

为明确系统科学和系统工程的发展方向，促进系统科学与系统工程学科的协调发展，2007 年，国家自然科学基金委员会信息科学部在武汉主持召开了中国系统科学与系统工程学科发展战略研讨会，会议就系统科学与系统工程研究领域的发展动态和趋势，从基础研究和学科发展方面研讨学科的发展战略，提炼本领域核心科学问题，引导系统科学与系统工程的研究和发展。王红卫等（2009）在《系统科学与系统工程学科发展战略研究》中写到："对于许多复杂系统，特别是涉及社会与人的复杂系统，迄今为止，还无法建立描述其行为的有效方法和模型。而从科学本身来看，各学科关注的一些重要问题都呈现出复杂性的特点，如能源系统涉及政治、经济、社会、环境、气候等多领域，综合考虑能源利用对经济、社会、环境、气候的影响，将是未来能源复杂系统分析与建模的发展趋势。生命起源、生物进化、社会经济、生态环境、社会舆论形成、国家重点工程项目、复杂供应链等系统的分析，都需要从复杂性科学获取理论和方法的支持。采用复杂系统分析方法，分析经济、社会、生态环境、地质、能源等问题，已经形成了一些新的研究方向和新的学科，如生物信息学、系统生物学、社会信息学、信息经济学等。这些新的学科和新的研究方向极大地丰富了系统科学与系统工程学科的研究内容，也对系统科学和系统工程的学科发展提出了新的挑战"。系统工程学科体系不断完善和更新，从而更好地指导社会实践，将是系统工程发展的一个趋势。

5.2　系统工程理论发展趋势

目前，系统工程已被广泛接受。大系统、复杂巨系统、耗散结构理论、自组织理论等许多方法已融入系统工程理论并得到应用，系统工程正在一系列方法技术体系的基础上发展成熟。展望未来，系统工程理论将向深层次发展，并进一步"软化"。另外，跨学科融合、多文明交汇也将是系统工程理论的一个发展趋势（薛惠锋和张洪才，2001）。

5.2.1　理论系统工程

今天，系统工程已被广泛应用于多个领域，但由于研究的领域不同、承担的具体任务不同、认识问题的角度不同，大家对系统工程的定义也表现出不同倾向，这就需要将系统工程理论研究提升到哲学层面，进行更深层次探索，探究系统工程及其科学的发展规律，构建其他学科无法替代的系统工程理论体系。正如中国运载火箭研究院原常务副院长吕级三所说，"从不同的专业领域考虑，系统工程有着不同的定义，但是他们有着共同的思想体系，我们可以将系统工程的提出和发展再提升到哲学层面，进行一个全面、准确的归纳，从而指导各个行业、领域的工作。系统工程的有效运行必须要有科学的理论支撑。没有科学的理论做支撑，就没有说服力，就难以保证系统工程的有效性。从原理上都不能说明白，谈何有效性"。事实上，钱学森在探索系统科学时，就非常注重系统工程理论的深层次研究，正如魏宏森（2013）在《钱学森构建系统论的基本设想》中写到，"钱学森在创建系统科学的同时，亦在探索系统科学哲学"。

在系统工程的发展过程中，我们要问，系统工程是不是一门科学，能不能作为一门独立的学问和学科？能不能作为一种指导人类社会实践的理论，或者一种指导思想？如果对以上问题的回答是"是"，那么这个学科如何发展，其发展路径、发展走向趋势和基本内涵应该怎么把握，这门学科是昙花一现还是永恒存在？如果有可行性，如何利用人类的智慧和实践指导这门学科，使之得以健康发展，总结它的科学性和有效性，使得它少走弯路，在实践中螺旋上升、不断完善？这些都是系统工程的研究者必须回答的问题。

系统工程本身是一门学科，也是一门科学。虽然系统工程曾经参考过并仍然在参考借鉴其他学科的理论，但系统工程有别的学科无法替代的理论体系，有其内在的整体性和综合性。因此，有必要构建一门理论系统工程学，用它来指导系统工程沿着科学的轨道健康发展。

由上可见，理论系统工程学是指导系统工程沿着科学的轨道健康发展的基础性学科，系统工程是解决复杂问题的有力工具。然而现今世界上存在的很多复杂性问题都还没能很好地解决，比如任何生命体都是一个复杂的系统，多细胞生命体还是大系统、巨系统，尽管人们合成过不少有活性的蛋白质，但是从未合成过有生命活力的DNA片断（DNA中蕴藏着生命活动的一切信息）。生命是在何处和如何发生的？如何能经历30亿年的历史进化到这么复杂？至今没有答案，成为千古之谜。现在很多人寄希望于系统工程能通过对DNA的信息复杂性结构的研究给出科学的答案或者线索（宋健，2003），但是系统工程至今还没能给出满意的答案。所以，系统工程自身的学科水平还有待于发展，需要不断地探索认识系统工程自身学科的规律，加强理论系统工程的研究，提升系统工程的水平。

理论系统工程的层次更高，研究的是系统工程及其科学发展的规律性问题。理论系统工程是站在人类认识、智慧和阅历的基础上把握系统工程这个学科的发展规律，也是它科学化的一个指南。理论系统工程包括系统工程发展历史脉络和演变规律、超领域（而非具体领域）系统工程一般性原则和理论——系统工程发展的科学化指南（理论）研究。

5.2.2 系统工程"软化"

"硬"系统思想是由目标导向的，要对目标进行定义，而在管理问题和不能很好定义的社会问题中，其目标往往是模糊的，即目标本身是否存在，以及目标能否准确定义。这就导致"软"系统思想的出现。"硬"与"软"两种方法的主要差别在于前者能够通过问这样的问题而开始："必须设计什么系统来解决这个问题？"或"什么系统将满足这个需要？"并且能把问题和需要当作是"给定的"。后者却不得不允许在后面的阶段出现完全不可预料的回答。这一差别使得"软"方法论包含了比较阶段，而在"硬"方法论中却没有比较阶段。撇开这种主要的区别，"软"方法论可被看作是一般情形，而"硬"方法论是它的特殊情形。

当代系统工程方法论典型的软系统方法有社会系统设计、战略假设分析、互动计划、软运筹等。这一类方法有着研究社会成员和组织成员之间认知体系、价值体系、动机体系和利益体系的复杂性和系统性，以西方后现代哲学中的解释学和现象学的原则和方法协调管理者和被管理者的行为和想法，注重学习过程和互相理解，以达到可行的诉求、目标和计划。稍后发展起来的一类称为批判系统思维或解放系统思维，研究整体性的系统研究本身已不成整体。这就促进了整合方法论的研究和实践。较有代表性的有多观点概念模型、互动管理、（社会）系统设计等。

顾基发教授认为，当前学术界的研究对象有从硬件到软件、从运算到软运算、从运筹到软运筹等的软化趋势。事实证明，系统工程求解社会经济问题的出路也在于软化。顾基发通过两届中–日–英系统方法论国际会议感到，系统工程的软化是沿两条线展开的，一条是方法论线，另一条是建模与计算机技术线，如图5-1所示。

方法论线又可分为三条。主线是由切克兰德（P. B. Checkland）教授直接在系统工程方法论基础上发展的软系统方法论；副线分别是在东方哲

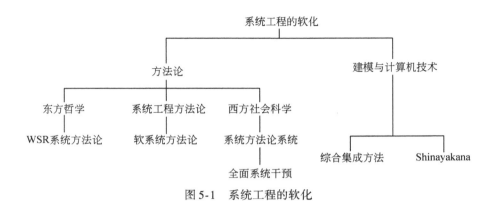

图 5-1　系统工程的软化

学基础上，由顾基发教授等提出的 WSR 系统方法论，以及吸取了西方社会科学中的成果，由弗拉德（Flood）、杰克逊（Jackson）教授等提出的全面系统干预的系统方法论。建模与计算机技术线是在反思人工智能计算机失败的基础上发展起来的，其中一条是钱学森教授等提出的综合集成方法，另一条是日本椹木义一教授等提出的 Shinayakana 方法。

目前这类软的系统方法论与技术还不成熟，仍处于发展之中。方法论"软化"将是未来的一个发展趋势。

5.2.3　跨学科融合

上海理工大学车宏安（1999）教授在《系统科学的发展与展望》中写到，"21 世纪科学技术的发展趋势是各学科的综合交叉。这将从整体上更深入地认识事物的客观规律。突出体现这个趋势的是系统科学的发展。"系统工程本身就是跨学科研究的成果，学科交叉是系统工程之母，当代西方的系统运动（图 5-2）就鲜明地反映了这一点。目前的系统科学理论大都依托于另外一门科学。

1）以生物学为背景：贝塔朗菲——一般系统论，米勒——一般生命系统论，艾根——超循环理论。

2）以物理学为背景：普里戈金——耗散结构理论，哈肯——协同学，槌田敦——资源物理学。

3）以数学为背景：托姆——突变论，莫萨洛维克体系，怀莫尔体系，克勒体系，廖山寿——动力系统理论。

4）以控制论和信息论为背景：维纳、艾什比——控制论，申农——信息论，屈浦缪勒、法乌尔——（各自的）系统论，福雷斯特——系统动力学理论、大系统理论，模糊系统理论，灰色系统理论等。

5）以社会科学为背景：曼内斯库—《经济控制论》，汉肯——《控制论与社会》，阿法纳西耶夫——《社会：系统性、认识与管理》，马宾——《论经济系统学》等。

6）以哲学为背景：贝塔朗菲——系统哲学，拉兹洛——系统哲学，邦格——系统主义等。

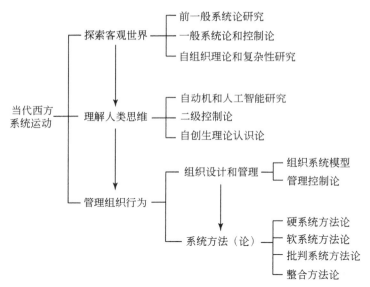

图 5-2 当代西方系统运动

科学研究在各个领域的发展是相辅相成的。特别是系统工程学科，在新世纪知识经济迅猛发展的大环境中，将更多地吸收其他学科的理论、方法而得到丰富和发展。各个领域科学技术的新成果都为系统工程的发展提供了科学素材。系统工程未来的发展，必须发扬系统工程的跨学科、交叉性优势，以下的科学资源值得特别重视。

生态学：组织、食物链、环境、生物圈等概念。

数学：对混沌和不稳定性的研究，以及图论等。

地理学：地理"六角形结构"。

心理学："完形心理学"、"非 Aristotelian"逻辑。

历史学：对历史过程的系统/控制学分析。

语言学（解释学）：各类语言要素在特定环境中相互联系和作用从而给出特定含义的思想。

哲学：只有在特定层次才存在，有别于其他层次的"突现特征"的概念、非对抗逻辑和自指概念；皮尔斯（Charles Sanders Peirce）对符号、信号和人类沟通之间关系的研究；黑格尔和马克思关于正论（thesis）与反论（antithesis）之间辩证作用的思想。

社会—经济学：亚当·斯密的"看不见的手"、美国宪法中"制约与平衡"当中包含的自调节控制论思想。

物理学：海森堡提出对粒子的研究应该实现两个转移，即从实体到关系、从部分到整体的转移。

中国科学院中国现代研究中心的何传启分析了人类的前五次科技革命，从科技需求的角度，猜想了第六次科技革命的内容，认为第六次科技革命将是信息科技、生命科技和纳米科技的交叉融合（并主要发生在三大学科的结合部）（何传启，2012）。可以预见，系统工程接下来将会大有用武之地，并且自身也将得到极大发展。

5.2.4　多文明交汇

近年来已经看到一些西方系统学家和其他方面的学者在注意我们古老的东方传统。例如物理学家卡普拉所著的《物理学之道》（*The Tao of Physics*）一书 1975 年出版后成为国际上的畅销书，到 1991 年已被译成十几种语言出版，总印数超过 100 万册，在国内曾译成《现代物理与东方神秘主义》（1983 年）出版。1991 年的第三版中，卡普拉加了一个后语，标题为"新物理学的未来"，其中谈到了对整体与部分关系的理解，卡普拉认为："一旦对整体了解，就能至少在原则上推论局部之间相互作用的性质和图景。这点在东方传统文化中表现得很明显"。他还谈到对结构和过程的不同理解。他说："当人们研究印度教、佛教和道教时，可以发现它们都把变化作为基本要素，世界由运动、流动和变化组成。"他还说："经典科学观念把知识体系比喻为一座大厦，把基本定律比喻为这一大厦的基底。知识立足于固定不变的基底上这一基本观点在西方科学和哲学中已被应用了2000年。……在东方传统思想中，同样把宇宙看成为一个关系网络，没有任何基本部分。"最后，卡普拉认为，许多东方传统文化可以不经过改造被应用到西方。韩国系统学家李永辟（Rhee Yong Pil）1997年的一篇文章专门介绍了老子的《道德经》，并且将它用于解释近代物理理论学中的不少现象和观点，他甚至认为也许老子是世界上第一个理论物理学家。他还详细介绍了卡普拉的一系列书和文章，并将它们与《道德经》相比较。《道德经》也被社会学家们用来更深入地观察社会系统的动态过程。普里斯曼在1992年的文章中把系统方法论与东方的方法论进行综合，认为可以形成一个新的方法论（顾基发和唐锡晋，2000）。

尽管西方对东方古代系统思想很赞赏，但他们不会为东方去设计一套现代适用的东方方法论。20世纪80年代末日本著名系统和控制论专家椹木义一提出了一种叫Shinayakana的系统方法论。Shinayakana在日语中表示"又软又硬"，没有对应的英语词汇。Shinayakana方法既考虑硬的可操作的一面，又考虑软的一面。在应用时，它强调三个H：诚实（honesty）、和谐（harmony）、人性（humanity），三个I：交互（interactive）、智能（intelligent）、集成（integration），后者有时被学科交叉（interdisciplinary）所代替。椹木和他的学生利用这个方法论构造决策支持系统，用于分析日本21世纪的环境以及其他问题（顾基发和唐锡晋，2000）。

钱学森、于景元、戴汝为等在1990年提出开放复杂巨系统的概念，对这类系统问题，提出了"从定性到定量综合集成方法论"。这个方法论是钱学森等总结国内外系统理论的发展以及中国自己的实践经验而形成的一套理论，可以说是90年代初中国系统方法论发展过程中的一个重要里程碑，也是东西方文明交汇的结果（顾基发和唐锡晋，2000）。

WSR 系统方法论应该说开始植根于中国，后来在西方系统方法论研究的背景下形成。早在 1978 年，钱学森、许国志、王寿云在国内《文汇报》上发表的《组织管理的技术——系统工程》就指出"相当于处理物质运动的物理"，运筹学也可以叫作"事理"。1980 年许国志先生专门写了"论事理"的文章，同期宋健写了"事理数据库技术"。1979 年钱学森写信给在美国的著名系统工程专家李跃滋先生，李回信同意物理和事理的提出，并建议再加"人理"。20 世纪 80 年代，顾基发为中央办公厅干部班讲授系统工程时就提出，作为一个好的领导干部应该"懂物理、明事理、通人理"。经过十几年系统工程的实践，顾基发越来越感到不少系统工程项目虽然对物理、事理有清晰的理解，但由于不懂人理而失败。与日本和英国的学术交流，特别是与西方文化的直接碰撞，终于使得顾基发与朱志昌合作提出物理–事理–人理系统方法论（顾基发和唐锡晋，2000）。

多文明交汇促进了系统工程的广泛发展，随着全球化趋势愈加明显，多文明交汇将在系统工程发展中扮演更加重要的角色。北京大学冯国瑞（2001）在《中西融会创新篇——从中美系统科学和复杂性探索的比较研究谈起》中就写到，"在发展科学文化的问题上，民族虚无主义和盲目崇古思想，闭关锁国和全盘西化的思想，都是不对的。应当在马克思主义哲学指导下，通过对当代社会实践新鲜经验和现代科学技术前沿成果的总结，通过对现代科学文化的东西方交融过程、现代科学与中国古代文化交融过程基本经验的总结，走综合创新的道路，谱写出当代科学文化和马克思主义哲学新的辉煌篇章"。

5.3　系统工程应用发展趋势

系统工程以复杂的大系统为研究对象，于 20 世纪 40 年代由美国贝尔电话公司首先提出和应用。20 世纪 50 年代在美国的一些大型工程项目和军事装备系统的开发中，又充分显示了它在解决复杂大型工程问题上的效用。随后在美国的导弹研制、阿波罗登月计划中得到了迅速发展。20 世纪 60 年代中国在导弹研制过程中也开始应用系统工程技术。到了 20 世纪七八十年代，系统工程技术开始渗透到社会、经济、自然等各个领域，逐步分解为工程系统工程、企业系统工程、经济系统工程、区域规划系统工程、环境生态系统工程、能源系统工程、水资源系统工程、农业系统工程、人口系统工程等，成为研究复杂系统的一种行之有效的技术手段（刘志彬和张运法，2010）。

随着科学技术的进步和社会的发展，系统工程的综合集成特性在吸收各个学科不断出现的新成果的过程中，将更显示出其优越性和实用价值，将被广泛应用到更多领域，形成更多新的分支。信息科学理论和方法以及计算机技术等新兴科技的高速发展，将为系统工程的应用提供更加有力的支撑工具，促使系统工程应用更富成效。克里尔就认为："系统学需要依靠计算机，后者是它的实验室和极其重要的操作工具"。黄锷也认为："21 世纪由于信息技术的发展，免不了要面对大数据。但除了大数据，21 世纪的任何一个系统都是复杂系统，也必然是跨科系的。在这样一个复杂的系统里，我们如何遵循钱学森给我们的指示，从定性到定量呢？定量就是数据分析，就是用数据讲话，不能只谈性质。我们认为到目前为止，世界上数据分析已经到了一个瓶颈，现有的数据分析方法已经没有办法面对这么复杂的数据。假设现在我们能够掌握时机，把以数据分析为基础的实现室建立起来，不仅可以武装研究人员在数据分析方法上的能力，培养出一批数据分析人才，而且数据分析研究室可以是一个综合性的平台，可以支撑各个方面。"王众托也提到："系统工程要在应用领域和范围上有所拓展。一方面，可以往大数据方面着眼，通过数据发现问题。系统工程与大数据相结合，可能是未来系统工程发展的一条出路。另一方面，运用系统工程理论和方法解决某些新领域的问题。"车宏安也认为："大数据作为一种重要的战略资产，已经不同程度地渗透到每个行业领域和部门，其深度应用不仅有助于企业经营活动，还有利于推动国民经济发展。可以说，大数据是当前社会高度关注的领域。我们要抓住这个机遇。虽然各行各业都在研究大数据，但我们作为系统工程的研究人员来讲，要抓住社会系统。因为大数据就是一个系统。从社会系统的设计到社会系统的管理，从高到低，既有深度，又有广度。这个方向可能是系统工程的突破口。"石勇也认为"系统工程与大数据相结合，是未来的发展趋势。云计算的特别之处在于创造性地给出了一种组织的思想，即组织资源以服务，组织技术以实现，组织流程以应变"（中国航天系统科学与工程研究院科学技术委员会，2013）。

今天，世界多极化和经济全球化趋势深入发展，科技进步日新月异，世界经济总体保持增长，人类面临难得的发展机遇，系统工程的应用也将更加广泛、更富成效。

参 考 文 献

艾根，舒斯特尔．1990．超循环论．曾国屏等译．上海：上海译文出版社

白杉，于荫．2004．智慧凝聚的永乐大钟．铸造技术，（02）：150～151

包庆德，刘桂英．2002．开启生态时代：从生态学到生态哲学．内蒙古社会科学（汉
文版），（02）：54～58

贝塔朗菲．1987．一般系统论：基础、发展和应用．魏宏森，林康义译．北京：清华
大学出版社

贝塔朗菲．1999．生命问题——现代生物学思想评价．吴晓江译．北京：商务印书馆

毕思文，王秀利．2003．数字人体原型——人体系统．中国医学影像技术，（02）：
140～144

柏格森．1963．形而上学导论．刘放桐译．北京：商务印书馆

Booz．1991．美国系统工程管理．王若松等译．北京：清华大学出版社

车宏安．1999．系统科学的发展与展望．见：中国科学技术协会．面向 21 世纪的科
技进步与社会经济发展（下册）．北京：中国科学技术出版社

陈兵．2007．古罗马竞技场机械系统．科学大观园，（10）：39～40

陈德智，王浣尘，肖宁川．2004．基于旋进方法论的技术跨越模式研究．科技管理研
究，（1）：123～133

陈锡康．2004-10-10．全国粮食产量预测的研究．http：//www.cas.cn/zt/jzt/cxzt/
zgkxykjcxal/200410/t20041010_2668086.shtml

陈亚华．2009．谈地心说的历史功绩．学理论，（31）：112～113

陈仲先．2008．《天工开物》设计思想研究．武汉：武汉理工大学

成思危．2000．世纪之交的沉思——论 21 世纪软科学的发展．中国软科学，（01）：
1～5

程澜．2008．生态建筑论．高等建筑教育，（04）：63～65

崔光耀．2003．信息论的丰碑　密码学的鼻祖——写在克劳德·E．香农博士去世两
周年之际．信息安全与通信保密，（02）：77～78

崔玉臣．2010．"四因说"视角下高校课程的研究．苏州：苏州大学

戴汝为．1991．复杂巨系统科学——一门 21 世纪的科学．自然杂志，19（4）：

187 ~ 192

戴汝为. 2001. 钱学森论大成智慧工程. 中国工程科学, 3 (12): 14 ~ 20

戴汝为. 2005a. 《Engineering Cybernetics》(工程控制论) 在国内外的影响. 科学中
　　国人,(02): 32 ~ 33

戴汝为. 2005b. 从工程控制论到综合集成研讨厅体系——纪念钱学森先生归国 50 周
　　年. 自然杂志,(06): 366 ~ 370

戴汝为, 李耀东. 2004. 基于综合集成的研讨厅体系与系统复杂性. 复杂系统与复杂
　　性科学,(04): 1 ~ 24

邓涛. 2006. 乌普萨拉冬旅. 化石,(04): 14 ~ 17

邓小峰. 2007. "肾应冬" 调控机制与神经内分泌系统相关性的研究. 北京: 北京中
　　医药大学

丁国卿. 2013. 浅谈马克思主义哲学中的系统论研究. 科技探索,(6): 317

董金柱. 2003. 毛泽东战略战术思想在三大战役中的运用. 河南科技大学学报 (社会
　　科学版),(04): 42 ~ 44

杜任之. 1980. 现代西方著名哲学家述评. 北京: 三联书店

恩格斯. 1984. 自然辩证法. 于光远等译. 北京: 人民出版社

方福康, 袁强. 2002. 经济增长的复杂性与 "J" 结构. 系统工程理论与实践,
　　(10): 13 ~ 20

封光寅, 郎理民, 张洪霞, 等. 2004. 都江堰水利枢纽工程主体和客体及环境的养护
　　与完善. 中国水利,(18): 39 ~ 41, 9

冯国瑞. 2001. 中西融会创新篇——从中美系统科学和复杂性探索的比较研究谈起.
　　系统辩证学学报, 9 (4): 53 ~ 56

高靖生. 2007. 论科学理解的本体论前提. 陕西行政学院学报,(03): 66 ~ 69

高志亮. 2005. 系统工程方法论. 西安: 西北工业大学出版社

葛美荣. 2010. 三峡工程决策前后. 档案时空,(07): 4 ~ 8

顾基发. 1994. 系统工程方法论的演变. 见: 中国系统工程学会. 复杂巨系统理论方
　　法应用——中国系统工程学会第八届学术年会论文集. 北京: 科学技术文献出
　　版社

顾基发, 陈光亚, 汪寿阳. 2011. 钱学森与中国系统工程学会. 上海理工大学学报:
　　33 (6): 608 ~ 612

顾基发, 唐锡晋. 2000. 从古代系统思想到现代东方系统方法论. 系统工程理论与实

践，（01）：90～93

顾基发，唐锡晋．2006．物理—事理—人理系统方法论．上海：上海科技教育出版社

郭宝柱．2003．中国航天系统工程探讨．中国航天，（6）：6～10

郭继兰．2010．古罗马大竞技场和角斗士．文史天地，（06）：72～77

郭雷．2003．关于反馈的作用及能力的认识．自动化博览，（S1）：19～21

郭应和．2004．"泰罗制"管理理论的现代意义．能源研究与利用，（02）：55～56

郭元林．2005．论复杂性科学的诞生．自然辩证法通讯，（03）：53～58，70～111

郝诚之．2007．钱学森知识密集型草产业理论对西部开发的重大贡献．北方经济，
　　（5）：10～15

何传启．2012．科技革命与世界现代化——第六次科技革命的方向和挑战．科技导
　　报，（27）：15～19

赫克尔．2008．自然创造史．马君武译．北京：全国图书馆文献缩微中心

胡世祥，张庆伟．2004-04-12．中国载人航天工程成功实践系统工程的典范．
　　http://www.cctv.com/news/science/20040412/100341.shtml

胡援．2003．分形理论及其在管理领域中的应用．同济大学学报（社会科学版），
　　（02）：78～82

华杰．2003．论孙子兵法中的系统策划思想．重庆工商大学学报（社会科学版），
　　（06）：51～52

华清．2007．都江堰——天府之源．城建档案，（05）：18～21

怀特海．2006．过程与实在．周邦宪译．贵阳：贵州人民出版社

黄慧梅．2005．基于遗传算法的 AHP 及其在城市系统评价中的应用．合肥：合肥工
　　业大学

黄欣荣．2004．钱学森系统科学思想研究．山东科技大学学报（社会科学版），
　　（04）：27～30

贾秀敏．2010．复杂性科学研究现状及其发展前景．科技信息，（24）：489

姜璐．2011．钱学森与系统科学——为纪念钱学森诞辰一百周年而作．力学进展，4
　　（6）：642～646

姜守明．2007．罗马法的主要内容及其对后世的影响．历史教学（中学版），（06）：
　　62～64

焦春丽．2008．系统科学方法与思维方式的变革．南宁：广西师范大学

金吾伦，郭元林．2003．国外复杂性科学的研究进展．国外社会科学，（06）：2～5

金吾伦，郭元林．2004．复杂性科学及其演变．复杂系统与复杂性科学，（01）：1～5

卡普拉．2012．物理学之"道"：近代物理学与东方神秘主义（第4版）．朱润生译．北京：中央编译出版社

孔立中．2007．模型驱动的系统工程设计法研究．航天工业管理，（03）：11～16

寇晓东，薛惠锋，任军号．2005．系统工程科学：系统工程学科体系新构建．西安邮电学院学报，10（4）：73～77

拉兹洛 E．1991．系统哲学演讲集．北京：中国社会科学出版社

雷内·托姆．1992．结构稳定性与形态发生学．成都：四川教育出版社

李红．2004．浅谈古代罗马法的形成与发展．西藏民族学院学报（哲学社会科学版），（03）：65～68

李茂荣．2006．共同知识与可信承诺．南昌：南昌大学

李曙华．2002．从系统论到混沌学．桂林：广西师范大学出版社

李耀东，崔霞，戴汝为．2004．综合集成研讨厅的理论框架、设计与实现．复杂系统与复杂性科学，1（1）：27～32

林波，薛昱．2008．从人类生产力发展中看待东西方文明进程的同步与异步性．求实，（S1）：276～278

刘豹．1981a．从自动化技术的发展谈到系统工程．天津大学学报，（1）：21～25

刘豹．1981b．能源系统工程和能源数学模型．能源，（6）：10～11

刘豹．1984a．我国能源系统工程的研究方向．信息与控制，（2）：3～7

刘豹．1984b．再论系统工程的任务、内容和方法．系统工程，2（3）：1～5

刘豹，顾培亮．1983．大系统逐级优化的数学规划序列模型．系统工程理论与实践，3（1）：5～9

刘豹，许树柏．1981．天津地区能源模型体系．信息与控制，10（6）：35～41

刘杰．2009．小子样可靠性试验方法研究——最大熵试验法．北京：北京工业大学

刘民放．2005．胡夫金字塔十奇．大地纵横，（9）：40

刘芹．2008．儒学与中国古代科技——以宋、明为例．福州：福建师范大学

刘媛华，严广乐．2010．基于旋进原则方法论的企业集群创新系统研究．科技进步与对策，27（13）：78～80

刘志彬，张运法．2010．系统科学发展及其前景．科技资讯，（07）：214

流畅．2008．钟王．钟表，（04）：54～57

卢明森．2005．"从定性到定量综合集成法"的形成与发展．中国工程学，7（1）：

9 ~ 16

卢秀廉 . 2007 . 实践哲学的两次确立——从马克思到葛兰西 . 南京：东南大学

鲁兴启 . 2002 . 贝塔朗菲的跨学科思想初探 . 系统辩证学学报，（04）：72 ~ 77

栾恩杰 . 2010 . 航天系统工程运行 . 北京：中国宇航出版社

马兴瑞 . 2008 . 中国航天的系统工程管理与实践 . 中国航天，（1）：13 ~ 21

麦奎里，安贝吉，裘辉 . 1979 . 马克思和现代系统论 . 国外社会科学，（06）：4 ~ 16

米都斯等 . 2006 . 增长的极限——罗马俱乐部关于人类困境的报告 . 李宝恒译 . 长
　春：吉林人民出版社

苗东昇 . 2012 . 钱学森系统科学思想研究 . 北京：科学出版社

欧祝平，傅晓华 . 2009 . 生态文明发展路径的哲学考量 . 中南林业科技大学学报（社
　会科学版），（05）：1 ~ 4

潘旭明 . 2007 . 复杂性科学研究述评 . 自然辩证法研究，（06）：37 ~ 39，61

庞元正等 . 1989 . 系统论、控制论、信息论经典文献选编 . 北京：求实出版社

裴毅然 . 2004 . 最初的偏激 . 书屋，（08）：13 ~ 18

朴昌根 . 1985 . 论系统科学体系 . 系统工程理论与实践，（02）：28 ~ 32

普里戈金 . 1980 . 从存在到演化 . 自然杂志，（01）：13 ~ 16

普里戈金，唐热 . 2005 . 从混沌到有序——人与自然的新对话 . 曾庆宏，沈小峰译 .
　上海：上海译文出版社

钱学敏 . 1994a . 论科技革命与总体设计部（上）. 中国软科学，（Z1）：24 ~ 30

钱学敏 . 1994b . 论科技革命与总体设计部（下）. 中国软科学，（5）：35 ~ 41

钱学森 . 1979 . 大力发展系统工程尽早建立系统科学的体系 . 光明日报

钱学森 . 1981 . 再谈系统科学的体系 . 系统工程理论与实践，（1）：6 ~ 8

钱学森 . 1991 . 再谈开放的复杂巨系统 . 模糊识别与人工智能，4（1）

钱学森 . 1998 . 论人体科学与现代科技 . 上海：交通大学出版社

钱学森 . 2007a . 论系统工程 . 上海：上海交通大学出版社

钱学森 . 2007b . 工程控制论 . 上海：上海交通大学出版社

钱学森 . 2007c . 创建系统学 . 上海：上海交通大学出版社

钱学森 . 2007d . 钱学森系统科学思想研究 . 上海：上海交通大学出版社

钱学森，于景元，戴汝为 . 1990 . 一个科学的新领域—— 开放的复杂巨系统及其方
　法论 . 自然杂志，13（1）：3 ~ 10

钱学森，许国志，王寿云 . 2011 . 组织管理的技术——系统工程 . 上海理工大学学

报，（06）：520～525

钱学森等．1982．论系统工程．长沙：湖南科学技术出版社

钱振业，杨广耀，韦德森，等．2006．综合集成方法的实践——"中国载人航天发展战略"研究方法总结．中国工程科学，8（12）：10～15

曲红梅．2009．《哲学通论》与当代中国的马克思主义哲学研究．吉林师范大学学报（人文社会科学版），（03）：20～22

三浦武雄，浜冈尊．1983．现代系统工程学概论．郑春瑞译．北京：中国社会科学出版社

上海市能源模型研究组．1984．上海市能源经济（近期）模型研究及其应用．北京：能源出版社

邵雍．2007．皇极经世书．郑州：中州古籍出版社

斯通普夫，菲泽．2009．西方哲学史：从苏格拉底到萨特及其后．匡宏，邓晓芒译．北京：世界图书出版公司

宋健．2003．信息时代的"全息系统工程"．北京：系统工程管理与高科技产业化论坛

宋健，于景元．1985．人口控制论．北京：科学出版社

宋学锋．2003．复杂性、复杂系统与复杂性科学．中国科学基金，（05）：8～15

宋学锋．2005．复杂性科学研究现状与展望．复杂系统与复杂性科学，（01）：10～17

孙东川．2010．系统工程与天下大势——庆祝中国系统工程学会成立30周年（上）．见：中国系统工程学会．经济全球化与系统工程——中国系统工程学会第16届学术年会论文集．上海：上海系统科学出版社（香港）

孙东川，柳克俊．2010．试论系统工程的中国学派与钱学森院士的贡献．广东工业大学学报，10（1）：1～7

谭跃进，覃炳庆．2007．钱学森的系统工程学科专业教育思想——国防科技大学系统工程学科专业建设的体会．高等教育研究学报，30（2）：2～4

涂建华．2010．中国本土哲学中的神秘主义．文教资料，（23）：101～103

汪寿阳，余乐安，黎建强．2007．TEI@I方法论及其在外汇汇率预测中的应用．管理学报，4（1）：25～31

汪应洛．1984．人才规划的系统分析方法．系统工程理论与实践，（2）：29～33

汪应洛．2004．当代中国系统工程的演进．西安交通大学学报，24（4）：1～6

王红卫，孙长银，沈轶，等．2009．系统科学与系统工程学科发展战略研究．中国科

学基金，（2）：8～15

王浣尘．1994．一种系统方法论——旋进原则．系统工程，12（5）：11～14

王浣尘．1995．旋进原则方法论．上海：上海科技教育出版社

王辉．2005．背景差分图像处理．哈尔滨：哈尔滨理工大学

王慧炯，李泊溪．1984．"2000 年的中国"的系统研究．系统工程理论与实践，
　　（2）：15～23

王静．2009．"郡县制"教学的辨析与思考．南京：南京师范大学

王崑声，胡良元，郑爱华，等．2011．量度工程——精细化管理理论方法与技术初
　　探．数学的实践与认识，41（24）：56～62

王儒述．2009．三峡工程论证回顾．三峡大学学报（自然科学版），（06）：1～5

王寿云，于景元，戴汝为．1996．开放的复杂巨系统．杭州：浙江科学技术出版社

王亚南．2006．专家系统中推理机制的研究与应用．武汉：武汉理工大学

王渝生．2008．科技发展与社会进步．科学与无神论，（02）：15～20

王战．2009．西方造型艺术高峰的哲学探究．长沙：湖南师范大学

王志振．2007．走近埃及金字塔．现代班组，（08）：47

王众托．2003．知识系统工程．北京：科学出版社

王众托．2011．知识系统工程与现代科学技术体系．上海理工大学学报，33（6）：
　　613～631

维纳．1962．控制论（或关于在动物和机器中控制和通讯的科学）．郝季仁译．北
　　京：科学出版社

维纳．2007．控制论：关于在动物和机器中控制和通讯的科学．郝季仁译．北京：北
　　京大学出版社

魏宏森．1982．现代系统论的产生与发展．哲学研究，（05）：62～67

魏宏森．2010．钱学森对系统论的创新——系统科学通向马克思主义哲学的桥梁．辽
　　东学院学报（社会科学版），（03）：7～15

魏宏森．2013．钱学森构建系统论的基本设想．系统科学学报，21（1）：1～8

吴华滨．2004．系统工程理论在企业技改项目管理中的应用研究．北京：北京交通
　　大学

吴敏，姜宏，魏国利，等．2010．中西医结合的回眸与反思．中国中西医结合杂志，
　　（11）：1209～1212

武秋霞．2004．系统观思想的产生与发展探析．中共太原市委党校学报，（04）：

34 ~ 35

肖勇 . 2001. 信息研究的历史维透视 . 图书情报工作，（07）：16 ~ 19，62

谢开勇 . 2007. 泰罗制：伟大的心理革命 . 西华大学学报（哲学社会科学版），
（03）：65 ~ 68

徐建科 . 2013. 论牛顿对数学与实验的统一 . 重庆科技学院学报（社会科学版），
（05）：30 ~ 33

许国志，顾基发，经士仁 . 1990. 系统工程的回顾与展望 . 系统工程理论与实践，
（6）：1 ~ 15.

薛飞 . 2004. 量子计算的核磁共振实验实现及量子 CPU 的设计 . 合肥：中国科学技
术大学

薛海，杜胜利 . 2007. 论《黄帝内经》中的系统性整体思想 . 南京理工大学学报
（社会科学版），（06）：12 ~ 16

薛惠锋，张洪才 . 2001. 资源环境信息化工程 . 西安：陕西科学技术出版社

薛惠锋，张骏 . 2006. 现代系统工程导论 . 北京：国防工业出版社

薛晓雯，毛兵 . 2009. 上善若水——中国古代的生态技术观浅析 . 建筑设计管理，
（01）：28 ~ 30

严广乐，王浣尘 . 1997. 旋进原则方法论的一些模型与判据 . 华东工业大学学报，19
（3）：15 ~ 20

颜士州 . 2011. 突变，生活中孕育着的自然现象 . 科学之友，（10）：30

颜泽贤，范冬萍，张华夏 . 2006. 系统科学导论——复杂性探索 . 北京：人民出版社

杨倩 . 2007. 论马克思主义文明和谐观的哲学基础 . 贵州社会科学，（05）：79 ~ 84

杨振宁，王选 . 2003. 学术报告厅第三辑：科学的品格 . 西安：陕西师范大学出版社

叶立国 . 2012. 哲学思想：系统科学形成的形而上学基础 . 系统科学学报，（02）：
9 ~ 13,23

叶侨健 . 1995. 系统哲学探源——亚里士多德"四因说"新透视 . 中山大学学报
（社会科学版），（04）：26 ~ 31

叶向阳 . 2008. 某集群计算机系统工程管理研究及实施 . 无锡：江南大学

于景元 . 2001. 钱学森的现代科学技术体系与综合集成方法论 . 中国工程科学，
（11）：10 ~ 18

于景元 . 2004. 系统科学与系统工程的发展 . 北京：第三届中国科学家教育家企业家
论坛

于景元 . 2011a. 钱学森系统科学思想与社会主义建设 . 党政干部学刊，（11）：3～8

于景元 . 2011b. 集大成　得智慧——钱学森的系统科学成就与贡献 . 航天器工程，
　（03）：1～11

于景元 . 2011c. 创建系统学——开创复杂巨系统的科学与技术 . 上海理工大学学报，
　（06）：548～561，508

于景元，刘毅 . 2002. 复杂性研究与系统科学 . 科学学研究，（05）：449～453

于景元，涂元季 . 2002. 从定性到定量综合集成方法——案例研究 . 系统工程理论与
　实践，（5）：1～8

于景元，周晓纪 . 2004. 综合集成方法与总体设计部 . 复杂系统与复杂性科学，1
　（1）：20～26

于语和，董跃 . 2000.《法经》与《十二铜表法》之比较研究 . 南开学报，（04）：
　90～96

袁家军 . 2009. 中国航天系统工程与项目管理的要素与关键环节研究 . 宇航学报，30
　（2）：428～431

曾凯，杜胜利 . 2001. 现代系统论与中国传统形神观 . 南京理工大学学报（社会科学
　版），（05）：26～31

张献忠 . 2008. "阴阳"说与"四因"说之比较 . 华北水利水电学院学报（社科
　版），（03）：35～38

张讯 . 2009. 罗马俱乐部带来的文明观念的转变 . 济南：山东大学

张玉涛，赵钦芳 . 2002. 挑战神学的维萨里 . 科学与无神论，（05）：39

章红宝，江光华 . 2006. 试论复杂性研究兴起、现状及存在的问题 . 系统科学学报，
　（01）：92～96

赵敦华 . 2001. 现代西方哲学新编 . 北京：北京大学出版社

赵生才 . 2013-09-05. 开放的复杂巨系统的理论与实践 . http：//www.360doc.com/
　content/13/0905/09/213627_ 312318677. shtml

中共中央马克思恩格斯列宁斯大林著作编译局 . 1972. 马克思恩格斯选集 . 第四卷 .
　北京：人民出版社

中国航天系统科学与工程研究院科学技术委员会 . 2013. 系统思想之光——知名系统
　工程专家访谈录 . 北京：中国宇航出版社

中国系统工程学会 . 2003. 中国系统工程学会简介 . 学会，（04）：33

中国运筹学会 . 2012. 中国运筹学发展研究报告 . 运筹学学报，16（3）：1～48

周冰 . 2009 . 钱学森社会工程思想初探及启示 . 沈阳：沈阳师范大学

周敬国 . 2007 . 揭开人体结构奥秘的先驱——维萨里 . 科学 24 小时，（09）：40~41

朱新春 . 2011 . 生态视域中的"单子论" . 西南大学学报（社会科学版），（03）：
83~87，200

朱一凡，李群 . 2012 . NASA 系统工程手册 . 北京：电子工业出版社

邹铁军 . 2000 . 现代西方哲学——20 世纪西方哲学述评 . 长春：吉林大学出版社

Chen Guangya. 1990. The vector complementary problem and its equivalencies with the weak minimal element in ordered spaces. J. Math. Anal. ，153：91~100

Qian Xuesen. 1948. Engineering and engineering science. Journal of the Chinese Institution of Engineers，（6）：1~4

附　　录

为了让读者对书中所涉及的内容有更形象更全面的了解，笔者搜集到了一些与书中内容相关的视频链接，供读者观看。

1. 系统工程全套视频教程（西安交大）

http：//v. ku6. com/show/9Qy8NjGf3_ SfC31T. html

2. 金字塔之谜

http：//www. tudou. com/programs/view/5UZGGQ0mLCo/

3. 古代两河流域文明

http：//v. youku. com/v_ show/id_ XMzY3MTY4NzQ0. html

4. 古希腊文明的兴衰（中国大学视频公开课）

http：//www. icourses. edu. cn/details？ uuid=9feb8462-1327-1000-91b3-4876d02411f6

5. 古代罗马文化（世界历史）

http：//v. youku. com/v_ show/id_ XMjQwNDYyMjg=. html

6. 筑梦天下——古罗马斗兽场（纪录片）

http：//www. iqiyi. com/jilupian/20110901/f4a7ead2b627f9e9. html

7. 百家讲坛——易经的奥秘（曾仕强主讲）

http：//v. youku. com/v_ show/id_ XMTM1MTQxNjYw. html

8. 《道德经》动漫版

http：//v. youku. com/v_ show/id_ XMTUwNjI3MTIw. html

9. 《孙子兵法》电视剧

http：//video. baidu. com/v？ ct = 301989888&rn = 20&pn = 0&db = 0&s = 8&word

＝％CB％EF％D7％D3％B1％F8％B7％A8&fr＝ala4

10. 《黄帝内经》专辑

http：//www. youku. com/playlist_ show/id_ 6046646. html

11. 都江堰

http：//www. tudou. com/programs/view/LAhnA4HlVq8/

12. 欧洲中世纪史

Judith M. Bennett，C. Warren Hollister. 2007. 杨宁，李韵译. 欧洲中世纪史. 上海社会科学院出版社

13. 伊斯兰文明与欧洲文艺复兴

http：//video1. ssreader. com/playvideo. asp？id＝6215

14. 朱熹集大成的理学思想

http：//video. chaoxing. com/play_ 400002151_ 33343. shtml

15. 秦朝郡县制

http：//www. tudou. com/programs/view/rG01IdCjA0Y/

16. 永乐大钟铸造过程

http：//v. youku. com/v_ playlist/f3906980o1p48. html

17. 文艺复兴

http：//v. ku6. com/show/ApsnShbhhfLao540. html

18. 走进三次科技革命

http：//v. youku. com/v_ show/id_ XMzYwMjYzNzMy. html

19. 黑格尔哲学

http：//www. tudou. com/programs/view/roJPFGuhB5U/

20. 李时珍与《本草纲目》

http：//v. youku. com/v_ show/id_ XMjgyNzMzMDg＝. html

21. 天工开物（纪录片）

http：//v. ku6. com/playlist/index_ 3459530. html

22. 《红楼梦》电视剧

http：//so. letv. com/tv/28951. html？ref＝baiduopen

23. 马克思主义哲学

http：//v. youku. com/v_ show/id_ XMzgyOTEzNg＝＝. html

24. 生命哲学——尼采_ 弗洛伊德_ 柏格森

http：//v. youku. com/v_ show/id_ XMTYyNjQ2OTA0. html？f＝5359695

25. 生态系统

http：//v. youku. com/v_ show/id_ XMjAzNjM1ODgw. html

26. 泰勒科学管理实验

http：//v. youku. com/v_ show/id_ XMjIwNTg5NjM2. html

27. 四渡赤水出奇兵

http：//www. tudou. com/programs/view/-h4MWO6M290/

28. 运筹学

http：//www. youku. com/playlist_ show/id_ 5274096. html

29. 当代中国系统工程（汪应洛主讲）

http：//v. youku. com/v_ show/id_ XMTMyOTk0NzE2. html

30. 六集纪录片《钱学森》

http：//www. tudou. com/programs/view/6AB3HCr-ohs/

31. 麻省理工大学开放课程：航天系统工程学

http：//v. youku. com/v_ playlist/f5379552o1p3. html

32. 信息革命

http：//v. ku6. com/show/5mDFgVM9EGcyTV4P. html

33. 新信息革命-云计算技术的冲击

http：//v. youku. com/v_ playlist/f17384123o1p1. html

34. 人类文明史

http：//my. tv. sohu. com/u/vw/24034250

35. 西方文明史导论

http：//www. teach-in-china. net/mandarin/view/0df1c4a79DD07646. html

后　　记

当书就要结稿时，似乎还有一些问题没有说清楚，似乎还有一些观点被遗漏，似乎还有一些在系统工程发展史上做出贡献的人物未提及，似乎还有一些语句需斟酌，还有一些要说的话。

公元前五六百年，朴素的西方系统工程思想就已产生。这个时期，古希腊古罗马群星云集，希腊人重科学、重理论；罗马人重技术、重应用。古希腊亚里士多德的"四因说"、托勒密的《天文学大成》，罗马的斗兽场、供水系统及法律体系等，都是系统工程思想繁荣的物态象征。而在中国，早在3000多年前，易经就把世界看成是一个由基本矛盾关系所规定的系统整体，是一个动态的循环演化的系统整体，朴素的中国系统思想就已形成。尤其是到春秋战国时期，诸子百家人才辈出，百花齐放、百家争鸣，思想文化格外繁荣。在这样的时代背景下，系统工程思想同样也得到了很好的发展，《山海经》、《鬼谷子》、《道德经》、《孙子兵法》、《黄帝内经》、都江堰等，无不凝聚着系统工程思想的智慧。

公元5世纪后半叶到13世纪，西方分裂为一些相互隔离、闭关自守、政教合一的君主国，人们思想受到宗教迷信禁锢，文化衰退，生产力发展停滞不前，被欧美普遍称作"黑暗时代"。西方统治者力图使哲学、科学等都成为基督教的奴仆、解释教义的佐证，这也阻碍了系统工程思想的发展，甚至有所退步。此时的中国，经济社会处于平稳发展之中，系统工程思想同样也在平稳发展。朱熹理学、秦始皇时代郡县制等都蕴含了丰富的系统工程思想，丁渭修宫、永乐大钟铸造等也都是系统工程思想运用的典范。

公元 14 世纪到 19 世纪，西方先后经历了文艺复兴、科技革命和产业革命，生产力水平远远超越了古老文明的东方，科技水平在世界范围内遥遥领先，系统工程思想也获得了长足进步。黑格尔的哲学体系鲜明地反映了辩证思维，有人甚至把其作为现代系统思想的起源；维萨里的《人体构造》、牛顿的《自然哲学的数学原理》、林奈的《自然系统》等都体现了系统工程思想；瓦特发明的蒸汽机调速器，更是开创了现代工业自动控制的先河。但此时科学家们做研究仍以"还原法"为主，即将整体的复杂的问题还原为部分的简单的问题加以解决，这就割裂了事物之间的联系，使客观实体的整体性特点难以发挥，导致在处理复杂问题时束手无策。此时的中国，仍然处于以农业为主的封建社会，生产力水平相对落后，科技水平远远落后于西方，系统工程思想没能有大的突破，但却仍有所发展，李时珍的《本草纲目》、宋应星的《天工开物》和曹雪芹的《红楼梦》等都体现了丰富的系统工程思想。

19 世纪中叶，马克思、恩格斯创立了唯物辩证法，开始用一种全面、联系和发展的眼光看世界。随后，西方掀起了研究系统思想的热潮，哲学家柏格森的"生命之流的永恒流动"、怀特海的"整体—联系观与过程—生成观"、生态学家坦斯利提出的生态系统以及管理学家泰勒创立的科学管理等，都是现代系统工程思想的萌芽。因此笔者也将 19 世纪中叶马克思、恩格斯创立唯物辩证法作为近代系统工程思想开始的标志。这个时期的中国，经历了鸦片战争，开始沦为半殖民地半封建社会，中国人民在追求民族独立和民族解放的过程中，也发展了系统工程思想，从戊戌变法的系统思维，到孙中山《治国方略》的总体设计，再到毛泽东思想，无不凝聚着系统工程思想。

20 世纪 40 年代，科学技术迅猛发展，社会经济空前增长，人类面临着越来越复杂的大系统的组织、管理、协调、规划等问题。在这样的背景下，系统工程思想取得了突破性发展，美国贝尔电话公司首先提出"系统工程"一词，一般系统论、控制论和信息论也在这一时期相继创立，钱学森著的《工程控制论》深刻影响了现代系统工程思想的发展，古德与麦克尔出版《系统工程学》则标志着系统工程学科正式建立，曼哈顿计划、阿波罗工程等系统工程思想实践的圆满成功，更使世界各国开始广泛接受系统工程。随后，系统工程实践逐渐从国防领域扩展到社会、经济、生态等诸多领域。在理论探索上，先后涌现了耗散结构论、突变论、协同论、霍尔"三维结构"、切克兰德的"调查学习"模式、社会控制论等。当前，世界范围内系统工程已被广泛研究和应用，成为一种具有世界规模的科学思潮，各学派正在对系统工程学科进行更深层次的探索。而在中国，直到 1978 年，钱学森等在《文汇报》上发表《组织管理的技术——系统工程》，才第一次较为明确地定义了当时国内对系统工程的认识，在国内引起了强烈反响。在他的大力推广下，在社会需求的强大拉动下，系统工程开始在国内广泛传播和发展，宋健、蒋正华、刘豹、汪应洛、王礼恒、栾恩杰、涂元季、于景元、钱学敏、戴汝为、顾基发、王众托、魏宏森、车宏安等一大批学者开始了系统工程的理论研究和广泛实践。尤其是 1986 年，在钱学森的倡议和主导下，航天 710 所举办的"系统学讨论班"，将系统工程的发展推向了高潮。"系统学讨论班"为航天 710 所提供了一个支撑航天、服务国家的研究平台，在钱学森、宋健、马宾等著名专家的指导和支持下，根据当时国家经济改革和宏观决策的需要，航天 710 所将系统工程应用到经济、人口、国防等诸多领域，为国家制定政策提供了有力的论证和预测，受到党和国家领导人的高度重视，成为中央决策的智库之一。"系统学讨论班"吸引了全国各地不同领域的学者参加，在全国范围内掀起了研究系统工程的热潮，系统工程也被推广应用到诸多领域。今天，系统工程在国内已被广泛谈及，但由于研究领域不同、认识问题角度不同，大家对系统工程的认识也不同，呈现出了百家争鸣、百花齐放的局面。

纵观整个系统工程思想发展历程，系统工程思想伴随着人类文明的进步产生和发展。西方的古希腊古罗马和春秋战国时期的中国，是东西方古代文明的中心，思想文化格外繁荣，系统工程思想也因此颇为丰富。欧洲的中世纪，科技、文化大衰落，被欧美普遍称作"黑暗时代"，系统工程思想也停止不前甚至出现衰退。文艺复兴运动刺激了科学的进步，系统工程思想也开始迅速发展，工业革命的完成，使西方的科学技术水平在世界遥遥领先，西方的系统工程思想也得到了快速发展。

系统工程思想发展是人类需求拉动的结果。从系统工程思想的发展历程来看，系统工程思想是在人类科技、战争及生产等需求的拉动下产生和发展的，这些需求是系统工程思想发展的动力。无论是在西方还是在中国，航天实践都是现代系统工程思想的重要源泉。航天工程是复杂的高新技术系统工程，涉及多种专业技术，需要巨大的资源投入，具有很高的风险，怎样在较短的时间内，以较少的人力、物力和财力，有效地利用科学技术最新成就，完成型号研制任务，就需要一套科学有效的组织管理技术，这就促进了现代系统工程思想的产生。

系统工程思想发展与生产力水平等息息相关。三次产业革命推动了科技进步，生产力发展，系统工程思想也随之取得了很大进步。东西方社会发展的不同步，也使东西方系统工程思想的发展有不同的轨迹。西方现代系统工程思想在 20 世纪 40 年代就已产生，但此时的中国正处于战乱之中，生产力水平相对非常落后，直到改革开放后，在钱学森等的大力推广下，现代系统工程思想才开始在国内迅速发展，并且随着中国社会经济的快速发展，系统工程思想在国内广泛传播和发展，形成了系统工程的中国学派——钱学森学派，甚至在一些理论方法上领先于西方。

展望未来，伴随着人类文明的进步和社会生产力的发展，在强大的人类需求拉动下，系统工程将在多文明交汇、跨学科融合基础上快速发展，系统工程学科体系将进一步完备，系统工程理论将向深层次发展，系统工程应用将更加广泛、更富成效。

系统工程思想是系统工程的灵魂，本书试图通过探索系统工程的思想去抓住系统工程的本质，更好地认识它的发展脉络，把握它的发展规律，进而更深刻地理解系统工程，并以此来指导社会和工程实践。系统工程思想经过几千年的发展，今天已形成系统工程学科，但无论是系统工程思想还是系统工程本身，社会各界并未对其形成统一认识，因此在系统工程思想史的探索过程中就很难形成统一观点。本书本着"客观"的原则，对系统工程思想发展史上的重要事件或观点进行了梳理，并未对任何观点做出评价，只求抛砖引玉，供大家探讨，以谋求系统工程更好的发展。由于受到自身学识及时间限制，一些观点或问题尚在探索或研究之中，也存在一些重要观点或事件的遗漏，书中不妥或讹误之处在所难免，衷心希望各位读者批评指正。